▲ 法国圣沙蒙突击坦克进攻时的英姿

▲ 这是出现在俄国战场上的奥斯丁装甲汽车

▲ 德军试图用集束手榴弹等对付英国坦克

▲ 行动在西线残破城市中的雷诺FT-17轻型坦克

◈ 圣沙蒙坦克冲击德军战壕的场面

◈ 在英军中定位为中型坦克的"小赛犬"

⬆ 在面对坦克这种前所未见的"怪物"时，德国士兵的惊恐是可想而知的

⬇ 这是1914年出现的英国"第一批海军部样式
装甲汽车"

⬇ 法国艺术家笔下的"马恩河出租车"

▲ 此图展现的是属于英国皇家海军装甲汽车分队的装甲汽车

▲ Mark IV型是英军在一战中的主力坦克装备

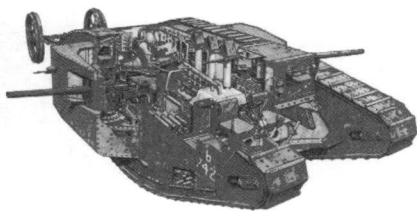

▼ 英国Mark IV型剖视图

▲ 艺术家笔下的英国Mark IV型坦克

▲ 法国装甲汽车突然冲击德军队列的场景

⬆ 这是加装了越壕设备的英国Mark IV型坦克

⬇ 这幅画作的主角是俄军装备的英制奥斯丁装甲汽车

⬇ 美军所装备的怀特装甲汽车

▲ 情景再现表演中的罗尔斯-罗伊斯装甲汽车

▲ 一战中使用广泛的美国"印第安"摩托车

▼ 拥有最多乘员的A7V坦克的
内部操作示意图

◆ 今日复原重现的504号A7V坦克"施努克"

◆ 这是陈列在法国一处博物馆的雷诺FT-17

◔ 博物馆里的英国皮尔利斯装甲汽车

◔ 博物馆里的A7V坦克复制陈列品

⊗ 这辆做公开展示的雷诺FT-17看起来车况良好

⊗ 产量并不多的英国Mark II型坦克

⏶ 在军迷聚会上现身的英国Mark IV型坦克

⏷ 在一战中享有盛誉的英国罗尔斯-罗伊斯装甲汽车

◆ 这就是著名的"马恩河出租车"

◆ 自行车在一战中的多国军队中也大行其道

◆ 以复原坦克模拟战斗场景是西方军迷聚会上的常见节目

趣图：以卡通手法呈现的法国纳卡席泽-夏隆装甲汽车

雷诺FT-17的灵巧特质令其在战场上有很大的灵活性

代表比利时抵抗精神的迈纳瓦装甲汽车

◔ 军迷再现的法军士兵搭着出租车开赴马恩河战场

◔ 开战后紧急投入欧洲战场用于运兵的伦敦通用公共汽车公司的巴士

博物馆里陈列的英国Mark IV型坦克

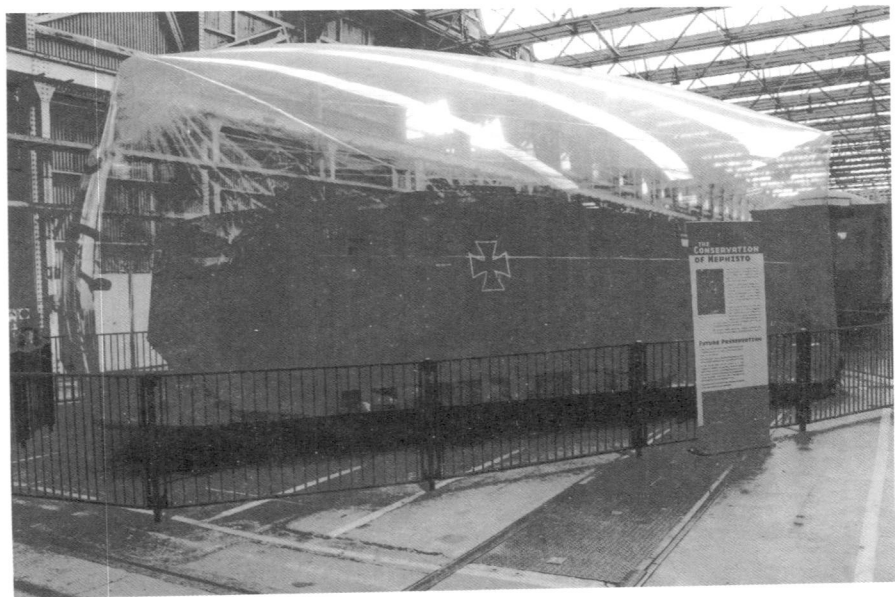

当世仅存的一辆A7V"摩菲斯特"保存在澳大利亚,馆方为了妥善保存而为其加装了硕大的保护罩

主要交战国的陆军或多或少都装备着不同式样的头盔，其中德军所谓的"煤斗式"（Coal Scuttle）头盔外观最为漂亮，实用性也最强，制造的整体塑形工艺令这种头盔可以同时有效保护士兵的头部和后颈部。其精当设计的影响直至今日，美军最新式的头盔设计也是源自这一设计思路。

和常见的头盔相比，德军在一战期间为其开发的配套使用的面罩则相当少见。1915年9月4日，德军装备部门在柏林举行会议，其中一个重要议题就是讨论如何进一步提升头盔的防护性能。一开始，与会者想到了一个简单的办法，那就是增加头盔的厚度，可这样一来势必也造成头盔重量增加，令佩戴者平添重负。

几天之后，一位姓施瓦伯（Schwerd）的陆军上尉在会议上提出了他的创想，这是一种配合头盔使用的钢质面具，厚度约5毫米，重1千克，使用时通过插销固定在头盔上，可以对士兵的面部起到很好的防护作用，不用时则可以收纳在单兵野战背包里。施瓦伯介绍说："这就好比是火炮上的防盾。"与会者赞成他的看法，于是面具成为德军采购的单兵制式装备之一，尽管装备数量并不多。凡尔登会战期间，德军的面具式头盔首度亮相，在一定程度上让人想起了中世纪戴面罩的骑士头盔。

根据专门向部队下发的面具使用手册的记载，施瓦伯的发明适用于在50米

⏷ 三名穿着德军装甲的英国士兵

⏷ 英军的嵌有钢板的夹克式单兵护具

及更远的距离正面防护小口径子弹，但不适用于穿甲弹；鉴于面具给头部带来的额外负担，只适合短时间使用；最适于使用面具的场合包括静态对峙中的堑壕以及观察哨所等。德军原计划以每20顶头盔配一副面具的规模投产，但实际上生产比例大概为每150顶头盔配有一副面具，由此表明这种面具是战场上的一种稀罕物件。与头盔及其精巧的小组件相比，以保护士兵身躯为目的的单兵装甲（Body Armor）的出现，无疑是更加不寻常的"新事物"。

一战刚刚开打时，在战场上并没有单兵装甲的影子。而到了1915年10月，也就是一战差不多开战一年多之后，英军首度引入了一种名为戴菲尔德单兵护具（Dayfield Body Shield）的新装备，它是一种内嵌钢板的帆布材制夹克，由士兵们穿在身上以防小口径子弹。据说，在英军开发单兵装甲的过程中，以自己笔下的大侦探福尔摩斯而闻名于世的小说家阿瑟·柯南道尔爵士（Sir Arthur Conan Doyle）曾投身其中，并做了大量的工作。

不过英国单兵装甲的开发程度仅仅停留于"初级阶段"，因为颇有许多军方高层人士对这些玩意儿不感兴趣。在欧陆征战的英国远征军司令道格拉斯·黑格爵士（Sir Douglas Haig）就是其中一位代表人物，他认为使用单兵装甲的做法是"没有绅士风度的"。或许是对领导人的这种态度有所不满，英军在一战结束后发布了一份统计称：假如广泛装备单兵装甲，那么英军在战场上四分之三的伤亡是可以避免的。

对单兵装甲给予更多重视并且取得更多实效的乃是德国人。进入1916年，一种由镍硅合金而非钢材为主要材料的单兵装甲开始出现在德军的装备清单中，它由多片钢板层层搭叠而成，主要部件是平滑的整片胸甲和背甲。在小范围试用后，士兵们发现自己很难在穿戴装甲之后肩扛步枪，因为枪带很容易从甲片上滑落。为此，装备部门又在装甲的右肩部加设了枪托，同时在腰线部件增设两处挂钩以便士兵携带其他装备。

从外观上看，德军的这种总重为8～10千克的单兵装甲显然是参考了15世纪条顿骑士的装备风格。钢甲由知名军火大鳄克虏伯公司（Krupp）负责打造，这些甲片和那些令人生畏的大口径火炮一样带有三环相套的克虏伯商标图案。协约国的士兵们把这种单兵装甲非常形象地称作"龙虾"（Lobster），而且一旦有机会缴获（虽然这种机会非常少），他们往往非常乐于试着穿戴一番。

美国参加一战的时间很晚，但美军研发单兵装甲的努力至少比英国人有过之而无不及。最早出现的是一种试验型轻型单兵装甲，它由若干块厚度为1毫米到9毫米的锰合金板组合起来，然后用皮带串接而成，里面还带有橡胶制成的背撑，胸甲和背甲的总重量为3.86千克，每个护臂的重量为1.02千克。还专门为这身装甲配套开发了一种头盔，据说在式样上"结合了德式头盔和英式头盔的优点"。

美军正式在小范围内列装的是一种布鲁斯特单兵护具（Brewster Body Shield）。其材质为含有铬镍成分的合金钢，据称可以承受住射速为820米/秒的

◢ 一战中身着"龙虾"装甲的德军士兵

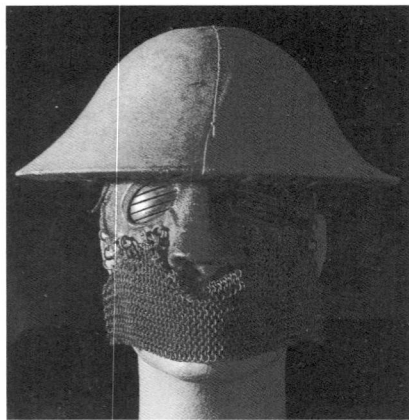

◢ 英军坦克手佩戴的带面部护具的头盔

◢ 笨重的美军布鲁斯特单兵护具

刘易斯机枪子弹；不过其最大的缺陷是沉重笨拙，整套盔甲包括一个标准中世纪造型的头盔（或者说是头套），总重量达到18千克。个人认为，其穿戴起来可能会给人留下"三K党党徒"的不良印象。

　　总的来说，各交战国在一战中开发的单兵装甲都给人以时光倒流之感，它们在本质上和多少个世纪以来的那些胸甲、戴面罩的头盔、防盾似乎并无太大不同，唯一的区别是后者所要抵挡的是刀剑和矛箭，一战的装甲则要面对不同口径的子弹和炮弹破片。和其他的单兵装备不同，单兵装甲始终只在小范围内列装而从没有大规模使用过，这种貌似中世纪重甲骑士行头的奢侈品令它成为一种价格不菲的点缀物。单兵装甲的笨重限制了其使用，就如一战中的德国名将、坦能堡战役的胜利者埃里希·鲁登道夫（Erich Ludendorff）将军所写的那样："单兵装甲并不时常用于交战，但却在哨所、观察岗位、部队驻地、机枪阵地等场合具有突出的价值，尤其能够对使用者可能受到的背面威胁构成一种有效的防护。"

　　虽然存在笨重的缺点，但军队对装甲的追求是一以贯之的，因为钢板能够在一定程度上有效地保护血肉之躯。当装甲的重荷令步兵难堪所负时，旧时期

◎ 这几名法国士兵正在展示子弹打在单兵装甲上的情况

的军队采取的对策是用战马驮起顶盔贯甲的骑士，令其成为战场上陷阵冲锋的先锋，甚至到拿破仑战争的后期，胸甲骑兵依旧冲杀在前装步枪的丛林中。

而在第一次世界大战这场全球已经步入大工业时代后的战争中，各主要交战国的军队就有了更多的手段，甚至在远比单兵装甲更为有效的领域来多元呈现装甲的战场价值——汽车被装上钢板成为装甲汽车，前所未见的新奇武器坦克更以其火力、防护力、机动力的有机结合成为划时代的"战场之王"……随着一战战事的不断演化，一幅令人眼花缭乱的轮式或履带式作战车辆竞相登场的画卷徐徐展开，尽管这些作战车辆的前路始终密布着似乎是无休无止的铁丝网、泥沼和堑壕。

⬆ 这种一战单兵装甲完全给人中世纪的复古感觉

⬆ 加装了面部防护链的法式头盔

第一篇

单兵骑乘车辆

第一章

自行车上战场："见识未来"

　　"都来见识一下未来吧，这是最先进的交通工具。这部小小的机器可以大大改善你们的生活，马匹已经过时了，你们再也不会被弄得脏兮兮，不会被踢，也不会被咬。"这是1969年的好莱坞经典西部片《虎豹小霸王》（Butch Cassidy and the Sundance Kid）中一个令人发笑的片段。当警长试图让聚集起来的民众一起去抓捕火车大盗时，一个商人开始借机推销起他的商品，所谓"最先进的交通工具"指的就是自行车，而这名商人的即兴广告语，恰当地点明了自行车和马匹的区别。

　　事实也确实如此，自行车不需要马厩、草料、兽医、蹄铁匠，它当然比马更听话，而在很多时候，教会人骑自行车比教会他骑马要容易得多。雏形意义上的自行车最初的发端可以一直追溯到1790年；而到了1817年，一个名叫卡尔·冯·德莱斯（Karl von Drais）的德国人，在"万花之城"巴黎展示了他发明的一种带车把的木制两轮车，这被认为是世界上第一种实用型的自行车。虽说如此，但现代意义上的"自行车"概念仍未确定。到1870年普法战争时，英国人詹姆斯·斯塔利（James Starley）打造了一种全金属材质加上橡胶轮胎的脚踏车，才使这种仅凭一人之力便可以滚滚向前的载人交通工具第一次获得了"自行车"（Bicycle）的称谓。

　　自行车和军队最初的结缘，也就从普法战争开始了。法国陆军相当新潮地为自己的部队装备了一批自行车，并指望骑着自行车的小分队灵活地穿插于普鲁士军队后方，大胆获取情报，甚至奇袭敌人的营垒。对于多少个世纪以来一直骑着战马四处活动的侦察兵们来说，他们算是"见识了未来"。只可惜那时的自行车尚处于原始阶段，车体笨重做工粗糙，在乡间小道上（侦察分队往往需要出没于此）极难驾驭，基本上没能为法军争得什么新的光荣。

不过，出现在普法战争中的这种新奇事物倒是吸引了法国南部的邻国意大利的注意，对这个工业基础薄弱的国家来说，自行车的优点是显而易见的：不需要燃料，几乎不需要维护，速度和机动性能倒是相当可观。当然，展现这些优点的前提是必须大幅提升现有自行车的性能。

经过一番苦心研究，意大利人打造出了"市场上最好的自行车"。最初的一批军用自行车提供给了各支部队中的精英分子"神枪手"（Bersaglieri）。这些神枪手们在意大利各城市的大小道路上骑着自行车往返，他们白天用胯下的"坐骑"吸引着沿街年轻姑娘们艳羡的目光，晚上则骑着自行车去和这些佳人们幽会。1875年，意军实施了一场大规模演习，在这场"尽量模拟战场真实"的大演练中，自行车部队大放异彩：尽管骑行的士兵身负武器、背包等重荷，但还能够在野外达到平均19千米/小时的惊人速度。

在"自行车"这一名词出现了14年后即1884年，另一位热衷于机械的英国人，詹姆斯的侄子约翰·坎普·斯塔利（John Kemp Starley）青出于蓝，推出了现代形制的自行车。它包括两个直径一样大的车轮、可充气的轮胎、菱形的金属车架、链条驱动装置、前叉和车闸等部件，为之后万变不离其宗的自行车奠定了技术基调。

而小斯塔利的两个轮子一样大的自行车向公众展示了差不多一年之后，近水楼台先得月的英国陆军在1885年的复活节演习期间为侦察兵配备了自行车。三年后，英军开始大规模装备自行车这种"最先进的交通工具"，并且在全军范围内第一次编组了以自行车为主要装备的部队：第26米德尔塞克斯志愿自行车团（26th Middlesex Cyclist Volunteer Corps）。

差不多同一时期，欧洲大陆上的其他军事强国也纷纷对自行车投以青睐的目光。法国陆军在1887年7月正式将自行车列为军事装备，并从当年年底开始小范围列装；到了1895年，法军所有的军级和师级部队都装备了或多或少的自行车。1895年，一位姓氏为杰拉德（Gerard）的法国陆军上尉创造性地发明了一种可以折叠的自行车，这种新式玩意儿专为法国步兵开发，可以折叠起来由单兵背负在背上行军。

在那些年月里，自行车在多个国家的军队中列装，随着军队需求的不断提升，各国自行车的产品设计和制造工艺也在不断提升。为了提高运载能力，出现过三轮自行车、四轮自行车，甚至还有英军于1890年接受实测并小范围装备的八轮自行车。

1899年，英国人和布尔人争夺南非殖民地的布尔战争爆发，这是继普法战争之后军用自行车迎来的又一次实战检验，交战双方都广泛地装备了自行车。尽管能力有限，布尔人的领袖丹尼·塞隆（Danie Theron）在当年9月组建了一支由108名骑手组成的自行车队；相对而言，英军最初投入南非的自行车部队则有1000人。当时英军发布的自行车部队装备表开具了以下东西：自行车、备用铃、备用灯、打气筒、2个枪架、工具包（内含机油、零配件、扳手）。这场仗拖拖拉拉地打到1901年，当时双方的自行车骑手加在一起已经差不多有1.3万人，他们担负着传令、巡逻、侦察、铁道防御等多种任务，总的来说，布尔战争充分证明了自行车在战场上的价值。

在此期间，一名居住在英国的丹麦人迈克尔·彼德森（Mikael Pedersen）研

◀ 背着折叠自行车摆出射击姿势的法军自行车兵

◢ 表现战士背负折叠自行车行军的画作

究出了一种折叠自行车，由于它比几年前的那种法国折叠自行车方便许多，加上英国方面广为宣传，使得这种以彼德森居住的城市杜尔斯利（Dursley）而得名的杜尔斯利-彼德森折叠自行车大受赞誉，被认为是继充气轮胎之后自行车技术的又一大进步。"在不适合骑行的路段上，自行车手们可以肩扛自行车，轻快地徒步行进"，这一前景吸引了各国军队的关注，不到一年时间，英国、法国、德国、意大利、比利时、俄国、瑞典等国都把折叠自行车作为一项标准装备，而自行车部队也成为各国军队中的常备编制。

对军用自行车更大规模的全面考验不久后到来了，这就是第一次世界大战。英国可以说是各交战国中对装备和使用自行车最感兴趣的，到1916年，英军的每个步兵团都编有3个自行车连，共计500人，之后甚至单独组建了第1和第2自行车师。英国陆军在战时专门推出了自行车部队的定期刊物《骑行》（Cycling），还广泛发布征募自行车手的海报，其中一幅的内容如下所述：新的自行车营组建在即，谁将成为著名的艾塞克斯团的新成员？这是你所渴望的难得机会，请注意，报名方式……英国人骑着自行车参战的热情高涨，一战爆发时，英国陆军的各自行车团和自行车营共有1.4万名自行车兵，到一战结束时，英军中的自行车兵总数已不下10万人。

一战前夕，法国陆军编有10个自行车大队，每个大队400人。战争爆发后，法军又不断编成新的自行车大队，总规模很快就达到和英军齐平的水平。英国和法国的敌人德国，则以其一贯的严谨态度对待军用自行车。战事既起，德军在其猎兵营（Jager Abteilung）即轻型步兵营里编制了1个自行车连，先后编成了80个同样的连，后来还专门组建了8个自行车营。另外，普通的步兵连

▲ 1914年10月的《骑行》

里通常都配有2辆通信用的自行车，营、团级部队也有各自直属的自行车单位。

德军的自行车部队规模虽然不及英军，但却具有一整套相当完善的自行车战术，从旅一级单位到班排级，各级都可以对照施行。比如对于自行车指挥官，自行车战术有这样的规定："一个自行车部队的指挥官必须经过先期的详尽侦察后周密行事，应该离开道路前召集下属，在一个可以看见行动区域的地点，详尽解释作战计划并发布命令。发布的命令应该简短、明晰、完整，便于部属迅速掌握并避免误会。如果事态紧急不允许停下来解释和发令，那就应该在骑行过程中逐级传达下去。"

一战之前，德军的战术教条相当排斥在低级编制层面使用科技通讯手段，因为"野战军官有可能因此丧失判断进攻时机的主动性"。因此，以骑兵、步兵、自行车兵传递信息的通讯手段受到高度重视，而在一战德军自行车通信兵之中，还有着一位未来的大名人。作为一战期间的一名普通下士，奥地利裔德国人阿道夫·希特勒（Adolf Hitler）一度担任一个巴伐利亚步兵团的团部自行车传令兵。在由这支部队呈报的材料中，希特勒骑着自行车送信方面的突出表现曾被点名表扬，同时还指出这名下士在绘画方面具有某种程度的特长。这确实可以算是有据可查的一战自行车士兵中最知名的一位了。

就使用数量而言，英军装备的自行车至少有10万辆；法国和比利时军队相加有15万辆之多；德军的装备量逐步增加，后来也达到略低于英军的水平；当美国远征军于1917初抵法国时，也带来了将近3万辆自行车。从种类来看，一战的军用自行车大致有三种类型，一是军用折叠自行车，二是军用经典自行车，三是由民用车改装而成的军用自行车。这三种车型中，折叠自行车的使用最为广泛，在部队中也最受欢迎，英国军需部门对其曾经做过这样的评价："当卡车和装甲汽车被路障所阻时，自行车部队可以毫不费力地越障而过。"经典款的自

▲ 德军双人自行车小分队

行车因为结构强度更大，通常较适合传令兵等的使用。

德军在经过大规模动员之后，军用自行车的供应一时无法满足需求，于是在需求缺口之下，德军开始把任何现成可用的自行车都列入征召之列，民用自行车实际上成了德军自行车的主要类型。就民用自行车的质量而言，德国自行车的自重比法国和英国的同类产品都要大，加上用料考究和结构坚固，倒是非常适合拿来直接投入军事行动。

一战军用自行车的主要厂牌包括英国的B.S.A、意大利的比安奇（Bianchi）、法国的杰拉德上尉（Captain Gerard）等。B.S.A.是伯明翰轻武器生产集团（Birmingham Small Arms）的缩写，于1861年成立于英国伯明翰，是由14个英国生产枪械的公司所共同组成的联盟企业，产业范围跨越军火、自行车、汽车、工具、飞机引擎、摩托车等，在当时号称英国最大的工业集团。该公司提供的自行车包括经典款和折叠款，以性能可靠而著称，其中最知名的是一种车架24寸、轮径28寸的折叠自行车，在英军中装备了近2万辆，据称这种自行车可以在90秒内由骑行状态完成折叠状态。

英军装备库中另有两种比较特殊的自行车。一种是Mark IV型军用自行车，其轮径24寸，于1911年7月投产，后于1915年7月推出改进版，是一战英军装备最普遍的自行车型号之一。Mark IV型最大的特点是解决了单兵武器的挂载问题。从一开始，骑行者如何在自行车上有效携带步枪就是个问题，当然可以自己背步枪，可是如果能挂在自行车上那就更好。为此，有的公司试图把步枪固定在车把横架上，但这样不稳定。有的公司在自行车前叉上安装了一具枪托，可是一遇到下雨里面就积满了水。Mark IV型的设计是在座位撑杆部位安装一个步枪支撑夹，步枪斜向上固定在撑杆上，枪管前部正好架到车把横架上。英军对它的评价是，"这比其他任何方式

🔺 德军通信兵较多使用自行车

都要好，除了略重一些外，完全不用担心骑行时腿会撞到步枪上，也许看起来不太悦目，但是贵在实用。"

另一种特殊的自行车是战地救护自行车。其做法是在一具担架两侧分别固定2辆或4辆自行车，从而成为简易的战地伤员快速转送车辆，使得英军在马车、卡车和摩托车之外，又多了一个运送伤员的选择。

杰拉德上尉1912型折叠自行车是一战法军最主要的自行车型号，它于19世纪末期问世，由法军中大力鼓吹自行车的亨利·杰拉德（Henry Gerard）上尉设计，此人还是驻扎在圣昆廷（Saint-Quentin）的一个自行车连的指挥官。经过多次检视，法国装备委员会认定这种轮径26寸的折叠自行车"军用价值巨大"。而它虽然不是史上第一款军用折叠自行车，但肯定是第一种进入大规模生产的军用折叠自行车。在1901年7月14日的法国国庆日阅兵仪式上，由杰拉德带领的一个自行车编队列阵行驶过爱丽舍宫，他随后获得了由法国总统颁发的荣誉奖章。这一款折叠自行车在1912年做了适度改进，主要内容是安装了挡泥板、更新了手把样式以及换用更加有效的刹车。

比安奇公司在意大利的地位一点儿也不逊于英国的B.S.A，其在一战爆发之前的生产规模已经达到年产4.5万辆自行车、1500辆摩托车和1000辆汽车的程度。它在1912年推出了自己最著名的一款军用折叠自行车，这种轮径24寸的自行车的一大特点是采用了"无须担心漏气"的实心胎。

自行车投入一战战场之后，迅速地被各国的军事家们寄予厚望，他们认为自行车部队可以在那些原本不可能发起进攻的地段采取快速行动，实施静悄悄不被人觉察的进攻。自行车可以在敌后实现远距离的袭击或侦察，也可以在本

⬆ 解决了单兵武器挂载问题的英军自行车

⬆ 英军曾使用这种由自行车拼成的奇特救护车

方战线上灵活部署，在需要它们的地方实施侦察、侧翼掩护或者断后作战。即便是在未被战火波及的国内，军用自行车也有其用处，英国人就组建了多个自行车营负责巡行英格兰海岸，目的是在第一时间发现德军的两栖入侵。当德国飞机和飞艇对英国展开空袭之后，国内的自行车兵又负责飞快地行驶在城市的大小街区，警告市民们赶快进入防空掩体。

在西线和东线的战场上，属于军用自行车的历史性时刻陆续出现。1914年8月22日，东线德军的自行车侦察分队发现俄第2集团军的前锋正在向尼登堡（Neidenburg）推进，接到报告的德军兵团立即做出针对性部署，从而揭开了著名的坦能堡会战的序幕。1914年8月23日，英军和法军在咄咄逼人的德军攻势下打了一场艰苦的后卫作战。英军的自行车部队积极参与其中，士兵们停下车时把自行车当成武器架设平台，打完之后又迅速骑车离开。时任英国远征军司令的约翰·弗伦奇爵士（Sir John French）这样写道："自行车单位在刚刚结束的战役中表现出色，在各种天气条件下夜以继日地不断传递命令和情报，在保障队伍通讯中起到了特别重大的作用。虽然自行车部队发生了许多伤亡，但是没有哪种困难和危险能够磨灭他们的精力和热情。"当漫长的伊松佐河系列战役开始后，精锐的意大利山地部队普遍配备了轻巧的折叠自行车同奥匈部队对抗。

德国在东非殖民地的传奇人物勒托·维尔贝克（Lettow Vorbeck）也把自行车当成自己展开游击战的一个重要工具，他手里可用的摩托化车辆很少，经过战斗损耗，很快就到了只有自行车可用的程度，而这些自行车在东非一直使用到最后一刻。

在军用自行车的所有使用者中，取得最突出的成就的或许是比利时人。基于强国夹峙下的独特地理位置，这个中立国对军用自行车相当重视，开战前就专门设立了自行车学校，培养出的自行车兵是能够进行图上作业、实施侦察、传递信息的综合尖兵，当然，还能有效地修理自己的自行车。1914年9月，比利时陆军组建了7支由军队中的志愿者组成的自行车突击队，每队编有2名军官和100名士兵。从9月25日到10月9日，这些突击队在德军后方发起了5次袭击，他们破坏多处铁路，搜集德军开进集结情报，杀死了几十名遭遇到的德军士兵。只有其中一个突击队意外遭遇大股德军，结果有60人英勇战死，不过他们是在成功地爆破了布鲁塞尔（Brussels）和蒙斯（Mons）之间的一处铁路涵洞之后才牺牲。

总体来看，在一战战事尚呈现出机动野战样貌的1914年，自行车部队通常出现在各国军队的前锋位置，快速灵活地展现着自己的价值。而当西线战事陷入静态对峙后，军用自行车的光环便迅速褪色。此后，各主要交战国的自行车部队虽然不断壮大，不过多承担着远离火线的非战斗类任务。一战中后期，军用自行车的一个不多见的亮点出现在1917年夏天，一支德军自行车部队被调往东线参与到对波罗的海地区的进攻中，有两个自行车营加入到攻打奥塞尔岛（Oesel Island）的行动，结果以其"高度的机动性"而大获战地指挥官的褒奖……

⌃ 在这幅德国宣传画上，自行车兵的速度甚至超过了轻骑兵

⌃ 比利时军队的自行车分队

⌃ 1917年的温情一幕，英军自行车部队帮助平民转移

⌃ 意大利山地部队大量使用折叠自行车

第二章
脚踏风火轮——摩托车上战场

以相同的车体结构和骑乘方式，摩托车用配备机械动力的方式实现了对自行车的重大超越。简单地说，摩托车相当于安装了马达的自行车，这也体现在其英文名称Motorcycle上。摩托骑行者不用千辛万苦地两脚并用发力踩踏板，只需要控制手把上的油门线就可以实现自如行进，而且只要前路平坦，大可享受风驰电掣的快感。当然，摩托车需要消耗燃料，保养和修理也远比自行车复杂得多。

摩托车出现的时间比自行车要晚，不过也晚得并不算太多。追根溯源，世界上第一辆雏形摩托车应该算是法国人皮埃尔·米修（Pierre Michaux）在1869年打造的一辆以蒸汽机为动力的两轮车辆。真正意义上的摩托车是以汽油机为动力的，而第一辆这样的摩托车出现在1885年，由德国人戈特里勃·戴姆勒（Gottlieb Daimler）和威廉·迈巴赫（Wilhelm Maybach）联手打造，称作"戴姆勒骑行机车"（Daimler Reitwagen）或者"单轨车"（Einspur）。这种由两位在德国汽车工业界具有里程碑式地位的人物共同完成的车辆，被广泛地认为是世界上第一种真正的摩托车。

继带有试验性质的"戴姆勒骑行机车"之后，创下"世界上第一种量产型摩托车"纪录的依然是德国人。1894年1月，三个德国人海因里希·希尔德布兰和威廉·希尔德布兰兄弟和阿洛伊斯·沃尔夫缪勒通力合作，在慕尼黑（Munich）批量生产他们的希尔德布兰&沃尔夫缪勒摩托车。这种摩托车配备1台气缸容积1489毫升的双缸四冲程水冷汽油机，输出功率为1.9千瓦，可使车的速度最快达到45千米/小时。这一世界上最早量产的摩托车，据说总量在2000辆左右，不过由于定价颇为高昂，希尔德布兰&沃尔夫缪勒公司没能借此获得什么商业上的成功。

德国人在摩托车早期发展的历史上独领风骚之后，这一时髦的行驶工具便迅速在各工业大国中生根开花。1898年，英国出现了世界上第一家"大规模"的摩托车工厂，接着在法国、意大利、德国和美国，都相继出现了这样的专业工厂。

正是在这种大量制造的背景之下，一些摩托车发展史上的著名品牌如雨后春笋般涌现。1901年，美国数一数二的自行车赛好手乔治·汉迪（George Hendee）与瑞典商人奥斯卡·海德斯特罗姆（Oscar Hedstrom）合作，在美国马萨诸塞州（Massachusetts）创立了印第安摩托车公司（Indian Motocycle Company），很快就成为世界上规模最大的摩托车制造商，"印第安"也成了一战前全球最畅销的摩托车。

1902年，英国最老牌的"胜利"（Triumph）摩托车首度下线，"胜利"品牌下的系列产品将成为英国摩托车的代名词。这个品牌的摩托车长期占据英国摩托车销量榜首，在普通公众中的知名度也最高，被人评价为所有英国摩托车中最好看的。

美国"印第安"摩托在1918年的招贴画

1903年，美国乃至全球范围内摩托车的旗帜性品牌哈雷-戴维森（Harley-Davidson）于密尔沃基（Milwaukee）创立。22岁的威廉·哈雷（William Harley）和与他年纪相仿的好友阿瑟·戴维森（Arthur Davidson）合作打造出了他们的第一件作品：1辆时速仅为11千米的摩托车。仅仅几年之后，由他们创办的哈雷-戴维森公司就推出了史上第一款量产的V型两缸发动机摩托车，呈45度夹角的V型发动机实现了与车架的完美匹配，一经问世便开风气之先，V型两缸设计至今仍是欧美主流摩托车最常见的发动机布局。作为美国传统制造业的传奇之一，哈雷-戴维森此后不仅取代"印第安"成为世界头号摩托车制造商，更被视为独立骑行文化的传播者。

不难看出，当一战爆发时，世界摩托车工业正处于蓬勃发展的黄金时期，这自然给了仍以马匹为主要机动手段的各国军队新的选择。虽然由于摩托车的制造工艺复杂、价格较高，对驾驶员和保养者的要求也很高，各国军队列装摩托车的进度普遍要慢于自行车，编组相关部队的规模也要小得多，但是第一次世界大战毕竟造就了世界摩托车制造业的第一个"黄金时期"，各国的摩托车厂商都努力地把握这一极大的"利好"机遇。

从1915年到1918年，美国政府和军队总共订购了不下8万辆摩托车，成为一战中各国摩托车订购数量之最，其中绝大多数由"印第安"和哈雷-戴维森提供。紧随其后的是英国，军方订单数量超过5万辆，同时英国的多家摩托车工厂也向加拿大、澳大利亚、比利时、法国和俄国的军队供货。俄国陆军使用的摩托车最初全部从海外购买，随着战事进行，几家国内工厂也开始按照国外公司的授权许可自行生产了一批，还在此基础上进行了推出本土设计的尝试。在同盟国方面，德国的戴姆勒和NSU摩托车公司（NSU Motorcycles）、奥匈帝国奥地利戴姆勒（Austro Daimler）和奥地利菲亚特（Austro Fiat）等制造厂亦打造了相当数量的质量上乘的军用摩托车，同时还出口给保加利亚和土耳其的军队使用。

▲ 这名俄军士兵驾驶的乃是美国"印第安"摩托车

▲ 俄军装备了一批美国提供的哈雷-戴维森摩托车

⬆ 行经法国某地的英军摩托车手

⬆ 2辆摩托车组合成了简易的战地野餐桌

在一战中最早使用军用摩托车的是英国军队，摩托车手的最初任务是充当战地传令兵，英军的第一批军用摩托车由本国的道格拉斯摩托车公司（Douglas Motorcycles）提供，另外还包括一批"胜利"牌摩托车。

战事爆发前，认识到摩托车在未来战争中作用的英国国防部就同道格拉斯公司的当家人威廉·道格拉斯（William Douglas）和爱德华·道格拉斯（Edward Douglas）两兄弟达成了共识，确定了一份订购300辆道格拉斯摩托车的订单，从而实现了摩托车在英军中的首次装备。英国对德国宣战后，道格拉斯公司接到的军方订单迅速增加到每月300辆，而且这只是个开头。一战期间，道格拉斯力推3种主要型号，摩托车总产量达到2.5万辆左右。对于这家之前在市场开拓方面一直不温不火的公司而言，战争成了一种福音。

"胜利"摩托车在英国的市场占有率和口碑都要高于道格拉斯，在军队的装备情况同样如此，它很快就后来居上。虽然在英国本土只有考文垂（Coventry）一座工厂，却以大约3万辆的数量位居一战期间英国摩托车的产量榜首，其中装备英军的多达2万辆。这一期间的"胜利"主力车型是一款外观简洁大方、配备了550毫升四冲程发动机的"胜利"H型摩托车，这种摩托车在1914年的产量是4000辆，几乎全部被英国军方购入。H型摩托车的广告语宣称该车"可以由任何人驾驶，只需要很少的工具就可以完维修"，事实差不多也是如此，它被认为是一战中最适合作战的摩托车型号之一，以其高度的可靠性在英军中赢得了"可信的胜利"（Trusty Triumph）的雅号。

英军的另一个主要的摩托车供应商是B.S.A，如前文所述，这家联合生产集团的自行车也是英军倚重的装备。B.S.A.的摩托车不仅供应英军，而且在其盟友法国陆军和俄国陆军那里也获得了大量订单，在这些外国使用者心中，B.S.A.军用摩托车就是"值得信赖的军马"。

皇家恩菲尔德摩托车公司（Royal Enfield Motorcycles）的产品虽然销量并不多，但却非常有特色。1912年，这家英国公司的一款采用770毫升V型两缸发动机的80型竞赛用摩托车在多场国际大赛中跑进三甲，公司知名度由此一下子提高。一战期间，除接到英国军方的订单外，皇家恩菲尔德公司还向俄国和比利时提供了为数不少的军用摩托车，比利时军队认为其使用的425毫升V型两缸发动机恩菲尔德摩托车是足以与"胜利"摩托车相媲美的车型。

战争爆发时，美国的印第安摩托车公司就已经是世界上最成功的摩托车制造厂，而在战时需求的刺激下，这家公司更是飞速发展。在美国政府和军方于一战期间所下发的订购8万辆摩托车的庞大订单中，有5万辆的指标是下给了印第安公司，其中最主要的订购型号是一款配备了汽缸容量为1000毫升汽油机的军用摩托车。这些订单占据了印第安公司的全部产能，直到一战结束后的1919年才得以完成。令公司高层始料未及的是，其在战时不得不完全放弃民用市场订单的做法，让它最主要的竞争者哈雷-戴维森成功地趁此机会后来居上，就此成为民用摩托市场的最重要品牌，而印第安公司则不断走向没落。

在一战爆发后，哈雷-戴维森也已经做好了应对军需的准备，它开始研发更适合部队使用的车型和挖掘生产潜能。当美国加入一战后，哈雷-戴维森还在公司框架内特别设立了一个部门，专门负责对美军技师展开摩托车的维修培训。战争期间，哈雷-戴维森交付军方的摩托车至少在2万辆左右，最初的一批是由民用摩托车略加改动而成，其后则推出了适合战场地貌的新式型号。和印第安公司全力投入军产的做法不同，哈雷-戴维森在1917年至1918年至少为民用市场保留了一半产能，这种均衡的做法让它在一战结束后迎来了逆转的良机。

摩托车在一战战场上具有重要的地位。关于它和自行车之间优劣比较的一种传神说法是：摩托车虽然不如自行车那样安静，但它毕竟更快。摩托车与自行车相比的另一个优越之处在于它是一个相当稳定的武器平台，摩托车自身适合装载武器，自行车手则最多只能把原本由自己背负的步枪挂在自行车架上。

自行车起初也尝试过安装武器，具体而言，一个名叫怀特（G.H.Waite）的英国人在1888年就制造了1辆所谓的"机枪自行车"，其实它有4个轮子更像是平板车，装有3个座位，由2名乘员操纵，但这玩意儿极难操作、行进和射击，刚一出世就被人遗忘了。

摩托车则实现了在骑乘车辆上安装武器的梦想。一战爆发前夕，英军就开始引入在摩托车上架设机枪的理念，做法是在车把横架上装一把维克斯机枪，据说当法国军官在看到这样的武装摩托车实物后表示非常欣赏。不过，英军认为要同时完成方向驾驶和开枪射击对于一名摩托车骑手来说难度太大，而且用于侦察的摩托车主要任务是刺探敌情并安全返回汇报，并不需要停下来交火，因此这一做法并没有加以推广。

真正意义上的武装摩托车，伴着摩托车的另一个重要配件应运而生，那就是边斗，或者说是边车。装上带有一个轮子的边斗，两轮摩托车就成了三轮摩托车，乘员也由一人增加到了两人，这样一来，摩托车手只需要负责安定驾驶，而坐在边斗上的那个人则可以从容操纵架在边斗上的武器。第一次采用边斗武装摩托车的，是1908年的加拿大军队。在这一年的加军秋季演习中，一位陆军上士为自己的哈雷–戴维森摩托车加装了边斗，还架上一挺马克沁机枪。虽然这只是这个脑子灵活的上士的个人行为，甚至没能在加拿大陆军中推广，但却是一个重要的起点。战争打起来之后，各交战国便开始用这样的做法实现军用摩托车的武装化。法军和美军的摩托车边斗多配备哈乞开斯（Hotchkiss）或柯尔特（Colt）机枪，美军还为部分边斗上加装了防护钢板，为枪手提供基本的保

△ 马克沁机枪是边斗武器的常见选择

△ 安装边斗之后，摩托车成了一种作战车辆

护。英军起初为自己的边斗摩托车安装了维克斯机枪或马克沁机枪，有的摩托车边斗甚至安装了2挺机枪，共备弹1000发。

由于各摩托车厂商提供的边斗型制不一，为求统一配备，英军正式对边斗发出招标，克莱诺（Clyno）公司胜出后，由是打造出标准配备的武装边斗摩托车，称为维克斯-克莱诺机枪联合体（Vickers-Clyno Machine Gun Combination）。这种新车型的边斗具有良好的悬挂装置，所有车轮都可以方便地替换，发动机也便于拆换维护，后座还装有备轮。一挺带有防盾的维克斯机枪安装在边斗上，通常向前方射击，有必要时也可以拆离支架向后射击，还可以拆离车体在地面阵地上射击，确实是一种设计观念领先的车型。

在接收了这种装备后，英军专门编成了摩托化机枪分队（Motor Machine Gun Corps，简写MMGC），每个分队有3辆"机枪联合体"，其中1辆是装有机枪的标准版，第2辆是没有机枪的备用车，第3辆是去除了防盾和机枪的弹药运输车。有趣的是，当英军在1916年组建史上第一支坦克部队时，许多坦克乘员正是由摩托化机枪分队招募来的。

显而易见，和那种只有一名摩托车手自己腰间挂着左轮手枪（德军摩托车手配有毛瑟步枪）的情形相比，配有武装边斗的摩托车一下子成了相当有效的机枪运载平台。有时，边斗里的乘员在摩托车行驶过程中直接操起机枪向前射击（这也是许多历史照片给后人留下的威武印象），不过更多时候是在摩托车停下来后，才操纵机枪开始射击的。

在1918年春季应对德军大反攻的交战中，边斗摩托车扮演了快速机枪平台的重要角色，在协约国军队的后卫作战中发挥了突出的作用。即使在这样任务吃紧的交战中，在行驶中猛烈开火的例子仍非常少见，基本上还是在摩托车停止时做原地射击。有一点或许和许多人想象的不同但必须指出的是，如果在摩托车行驶中扣住机枪的扳机，那么纷飞的子弹对自己人造成的损害将比对敌人的要大得多。当然，在摩托车上安装机枪的意图更多是为了自卫，而不是把它当成一种小型的进攻平台。在一战中，摩托车的适用领域很广泛，包括侦察、巡逻、警戒、轻型运输、弹药补给、医护等，而其最主要的职能则是传令通信。

由于一战的通讯技术尚不可靠，摩托车的速度优势意味着可以尽快将指令、报告、地图等送到它们该去的地方。开战之后，英国战争部便召唤自己拥有摩托车的志愿者投入通信兵的行列，令当局高兴的是响应者众，光伦敦一地就有超过2000人报名，大大超出预期。一旦获准加入，每位骑手都立即获得10英镑的政府奖励，固定周薪则为35英镑，预征募期是一年。

随着战事进行，正式训练出来的摩托车通信兵越来越多，而他们亦获得"通信骑手"（Despatch rider）的特殊称谓。甚至有女性"通信骑手"，她们的任务主要是在远离火线的后方传递信件等。及至英国皇家空军成立后，又出现了第一批女性勤务员，她们骑着"胜利"或道格拉斯摩托车，用最快的速度把飞机航拍得来的侦察照片送到指挥部去。这些骑着摩托车的男男女女们传递的不仅是作战命令，还有贵于黄金的家书，因此"通信骑手"所到之处广受欢迎，一名英军女"骑手"的儿子在战后写道："她是一名在法国的摩托车通信兵，她在各种天气里出勤，每到一处，营地里的小伙子们都会立即为她端上一杯热咖啡……"

当然了，摩托车无法给骑手提供什么保护，因此才人称"肉包铁"，想想和平年代摩托车事故中可怕的伤亡率，你就会知道在战时骑着摩托车送信可绝非是一桩令人羡慕的美差。可是对于那些骑行于战火中的摩托车手来说，他们为自己赢得了荣誉的时刻。

1918年11月，一名孤独的英军"通信骑手"在德军战线后方连续骑行20千米，他穿过一个残败的德国集团军的防区，找到一队装甲汽车的领头军官，然后告诉后者："这场战争已经结束了！"当月的12日，即一战休战协议签订的第二天，第一位踏上德国土地的美国大兵罗伊·霍尔茨（Roy Holtz）也是一名通信兵，而当时他所驾驶的，正是一辆哈雷–戴维森军用边斗摩托车。

第一次世界大战坦克装甲车辆全史（1914—1918）

🔺 边斗摩托车在需要时可以采取这样的对空射击姿态

🔺 从图上的文字看，这两人正是英军的"通信骑手"

△ 一名"通信骑手"摆出英武的姿势留影

△ 由摩托车改成的简易战地救护车

△ 骑着哈雷-戴维森摩托的罗伊·霍尔茨成为第一位进入德国的美国大兵

△ 这位骑着摩托车的正是大名鼎鼎的"阿拉伯的劳伦斯"

△ 一战中在英军中充当"通信骑手"并非只有男性

△ 这幅动感十足的绘画记录了比利时摩托手突破德国骑兵包围的场面

第二篇
保障车辆

第三章

英国：政府津贴下的产能大户

在一战中，除了相继出现的装甲汽车和坦克等作战车型，卡车、牵引车、人员乘用车、火炮载运车等保障车辆也是这场机械化战争雏形阶段中的重要组成部分，这些保障车辆虽然不具备"进可攻、退可守"的作战能力，可其重要性一点儿也都不逊色。总而言之，一战中的军队离不开这些车辆。

一战爆发前夕，汽车还只是特殊领域的特种装备或者是有钱人的专属交通工具；当一战打响时，也只有少数人对汽车这一稀罕事物有所认知。其中一部分人已经能够熟练地驾驶自己的私家车，但却过了入伍的年龄；而另外一些人便是技术熟练的专业司机、机修工等。开战时，普罗大众对汽车的印象更多的是像北京—巴黎、纽约—巴黎汽车拉力赛等体育赛会，而非让其作战。可是战争改变了这一切。

事实上，军用保障车辆的历史比坦克和装甲汽车要早得多。当法国工程师尼古拉斯–约瑟夫·柯诺特（Nicholas–Joseph Cugnot）在1769年发明了世界上第一种依靠机械动力（蒸汽机）自行前进的车辆——也就是汽车（Automobile）时，他便意识到了这一发明在军事领域的前景，遂很快地向法军建言，把自己的蒸汽机汽车当作火炮牵引车。不幸的是，经过测试后，高傲的法国陆军否决了柯诺特的良好建议。1781年，英国发明家詹姆斯·瓦特（James Watt）改良了蒸汽机，这意味着这种动力可以在更大的范围内以更加灵便的方式为人们服务；而在第二年，就出现了最早的一种用于牵引火炮的车辆。随着工业革命地不断推进，到1870年，以蒸汽机为动力的牵引车已经较多的被用于牵引火炮、运输补给和人员等用途。

在那些年月里，马匹、铁路、蒸汽机相结合的模式被认为是调动大兵团和实施补给的最有效的运输手段，而德国人本茨（Benz）和戴姆勒在1896年打造出的第一辆使用内燃机（汽油机）的卡车，又迅速改变了这一切。随着不断改进的汽油机变得越来越强劲，在20世纪的第一个十年里便出现了大量的商用卡车。而欧洲各主要国家的军队也立即意识到了卡车的重要性，各国陆军装备卡车的情形到1908年至1909年已经变得相当普遍，在各国军队演习中，往往都特别增设了用卡车或小汽车运送步兵的科目。

战争开始后，用于特种用途的机械化车辆的需求大增，比如救护车、修理车、参谋部军车等，各种卡车和牵引车则更是急待大规模生产。卡车和汽车的大量装备有力地补充了火车运力，质量上乘的保障车辆甚至可以在极为复杂的路面上行进；内燃机、充气轮胎、半履带等技术的进步，使多样化的保障车辆不断地从纸面变为现实；牵引车可以把最大号的野战炮送进泥泞的炮位……在大量保障车辆的支撑下，欧洲主要交战国的军队在战争进行过程中逐步实现着摩托化，在机动性和火力上更将达到前所未有的程度。

和自行车及摩托车的开发情况相似，英国在军用保障车辆的研发和装备上也走在欧洲国家的前列，这在一定程度上得益于英国政府从1911年开始对车辆制造商所推行的政府津贴制度。和平年代，政府预算不可能在开发军用车辆上投注过多的资金，所以英国就针对这种情况推行了政府津贴，具体执行办法是：一旦车辆制造商开发出适合军队需要的车型，就可以从政府获得津贴。这样既可以在和平时期维持生产线运转，又能在进入战时一有需要就可以立即大量制造提供军队。1911年，英国开出了第一份津贴清单，每辆入选车型都可以获得8～12镑的津贴，此后每年还可以固定获得15英镑。一战爆发后，政府又从1914年起将津贴政策改为厂家制造一辆保障车辆就可获得津贴，并且津贴被迅速提升到110英镑。

但这样的津贴政策要求各汽车厂商严格按照军方要求设计车型，从而有效刺激了英国军用车辆的发展。其最大好处就是让军队在和平时期也能"拥有"数量庞大的"预备役"车辆，一经战场召唤，大量车辆便能迅速"民转军"。政府的远见不仅有效提升了英国军队的装备水平，也使本国的汽车工业获益匪浅。战事开始后，缺乏本国汽车工业的俄国和比利时只能寻求从外国进口车辆的途径，拥有成熟生产线和设计方案的英国自然成为首选。一战期间，英国共向比利时出口了816辆卡车和352辆汽车，而向俄国提供的卡车更在1200辆以上，此外英国还向法国、罗马尼亚、意大利等国出口了大量保障车辆，至于出售到美国的车辆，则比出口到其他国家的总和还要多。

在英军的保障车辆装备清单上，卡车占据着最显要的位置，无论数量上还是质量上均是如此。事实上，英军的卡车多得超乎一般人的想象，其装备数量是所有参战国中最多的，数量从刚开战时的区区80辆发展到一战结束时的59940辆，登记的卡车型号更是超过了700种！

作为英国军方在进入20世纪初期后对摩托化车辆的兴趣持续升温的一个表现，英国陆军于1903年编组了自己的第一个摩托化运输连（Motor Transport Company），以便为将来更大规模的装备与编组进行初探。在为这支试验性部队所订购的一批保障车辆中，就包括有卡车、牵引车、救护车等多种车型，不过每种车型的装备数量都很少。

在运输连这一发端的基础上，英国此后又进一步创立机械化运输委员会（Mechanical Transport Committee），专事军用保障车辆的选型与列装工作。到了1908年12月，这个委员会的秘书长拜格纳尔-怀尔德（Bagnall-Wild）上尉征集了多款商用卡车，以评估将其紧急改用于军事运输的可能性，测试内容是假设德军在泰晤士河口登陆，需要用卡车从伦敦急调部队到舒伯里内斯（Shoeburyness）地区设防；次年3月，又实施了一次内容类似的演练。经过这两轮比较，委员会认定纳皮尔轻型卡车（Napier Light Lorry）的性能较好，于是采购了一批装备部队。这种速度颇快的商用运输车由是成为英军最初正式装备的军用卡车之一，在之后几年的

△ 等待装运物资的英军卡车队

◆ 英国利兰3吨级卡车

演习里较好地承担了运送武器、弹药、工具的任务，有一些纳皮尔卡车还配有运送淡水的水罐拖车。一战期间，由纳皮尔制造的3.5吨级和1.5吨级卡车都在英军中服役，并享有可靠的名声，装备数量为2000辆。

英国政府实施津贴计划之后，一种脱颖而出的卡车型号是利兰3吨级卡车（Leyland 3-Ton Truck）。它的一大特点是用途多样，英军在一战期间装备有数千辆，在英国陆军和英国皇家陆航（英国皇家空军）中充当过运输车、工作平台、运油车、气球运载车等。该车的另一个特点是极为坚固耐用，许多车辆到一战结束时仍然可以使用，由原公司回购，经过翻新后二次出售，继续以商业用车的面貌活跃着。

比利兰3吨级卡车更出名的是，被认为是1913年到1914年诸多获得政府津贴的车型中的佼佼者——托尼克罗夫特3吨级J型卡车（Thornycroft 3-Ton J Type Lorry）。以圆盘形车毂为外观特征的J型卡车是一战中辩识度最高的卡车之一，该车轴距4.15米、车宽2.19米、自重3.25吨，最大公路速度23.3千米/小时，在英军中的装备数量达到5000辆以上。基于高度的灵活性和良好的操控性，托尼克罗夫特J型卡车还被改成了几款变型车。其中令人感兴趣的一种方案是改为移动高射炮平台，在卡车上安装可以旋转的基座，其上装载一门去除了原炮架的3英寸（76.2毫米）高射炮，同时在车体下部安装驻锄供射击时抓地用。这种炮车于1915年装备英军，通常每个炮班是4辆车配套使用，除一辆自行高射炮外，另有一辆装载目视测距仪的卡车，以及运送炮组和弹药的2辆普通版J型卡车。J型卡车的另一种实用变型车是野战修理站（Mobile Workshop），它从外观上看犹如大篷车，篷壁两边可以打开构成为一个工作平台，内部装有车床、钻孔机、研磨机、小型汽油机、发电机及各种工具，可以在战场上对车辆和火炮实施抢修。

英军装备的另一种数量庞大的卡车是一种"混成品"，由英国的戴姆勒公司和联合装备公司（Associated Equipment Company，简称AEC）联手打造。戴姆勒自然是汽车史上赫赫有名的德国人，英国的戴姆勒公司虽也源出于他，不过却和德国戴姆勒公司并无直接关系。英国戴姆勒公司由一位向戴姆勒购买了发动机专利的英国人弗雷德里克·西姆斯（Frederick Simms）于1896年创办于考文垂，它以制造豪华汽车起步，在一战中转向生产军用保障车辆尤其是卡车。AEC则是由伦敦最大的公交车公司伦敦通用公共汽车公司（London General Omnibus Company）创立的子公司，原本只承担汽车修理业务。1915年初与戴姆勒公司合作后推出AEC Y型卡车，它由AEC的底盘和戴姆勒的发动机结合而成，量产一直持续到1917年12月，战时装备量达到6334辆，其中有相当一部分是提供给赴欧参战的美国远征军。

⬆ 英国托尼克罗夫特3吨级J型卡车

⬆ 列队行进中的英军戴姆勒卡车

除上述之外，英国卡车的品牌当然还有许多，比如阿尔比昂（Albion）A10型卡车的装备数量在5000辆左右；丹尼斯（Dennis）3吨级A型卡车向英军提供了3500辆；克罗斯利（Crossley）卡车以其88千米/小时的最大公路速度成为协约国卡车的速度冠军；凯利尔（Karrier）卡车的3吨级卡车亦有2000辆活跃在欧洲战场上等等，不一而足。

　　除了卡车，保障车辆中的另一个主要类别是火炮牵引车。随着英国陆军的规模在1914年到1915年间急剧扩大，用来牵引重型火炮的车辆奇缺，而在西线的泥泞地形中拖行火炮的任务对于马匹来说又过于繁重，英国人的目光只好投向了海外。入其法眼的是美制霍尔特75马力农用机械拖拉机（Holt 75-Hp Petrol Tractor），略加改造后，这种采取履带式行动装置的拖拉机就成了英军的制式霍尔特15吨级牵引车（Holt 15-Ton Tractor）。自1915年1月开始列装前线部队之后，直到一战结束都是英军的主力装备。

　　这种牵引车自重15吨，裸车行驶时的最大公路速度为8.05千米/小时，牵引火炮时则往往降到3千米/小时左右。在西线战场上，霍尔特牵引车在拖行6英寸（152毫米）榴弹炮时"得心应手"，后来用于牵引9.2英寸（233毫米）榴弹炮同样也能胜任。英国人亲切地把这种可靠的保障车辆称为"毛虫牵引车"（Caterpillar Tractors），之后又简称其为"猫"（Cats），这种装备被认为对坦克的开发同样有着重要的借鉴作用。

◎ 这是战时托尼克罗夫特公司的厂区一景

这个领域的另一种有趣车型是福斯特-戴姆勒105马力牵引车（Foster-Daimler 105-Hp Petrol Tractor）。福斯特公司一战前就在出口农用拖拉机方面颇有建树，而公司名称中的戴姆勒不用说也意味着它和德国的发动机技术有着某种程度的联系。在公司总经理威廉·特里同（William Tritton）的大力引领下，福斯特公司于1912年就推出了自己的第一款火炮牵引车，不仅列装了英军，还成功地向南美洲国家出售了一批。一战开始后，当得知兵工厂正在研发15英寸（381毫米）重型榴弹炮时，时任总经理的雷吉纳德·培根（Reginald Bacon）便向军方建议，未来由自己的105马力牵引车在法国战场上拖曳这种重炮。

第一门15英寸重炮在1915年完成，并交付欧陆战场上的英国海军陆战队的炮队使用。由于炮身过大过重根本不可能由任何一种牵引车拖行，只能拆分部件由福斯特的牵引车来分别运输，每门炮需要配套8辆105马力牵引车，另外还要加上弹药拖车。这种牵引车的一个便利之处在于可以换装标准的铁轨路轮，从而在铁道上行驶。

据说，正是这种牵引车的庞大体躯诱发了英国海军大臣丘吉尔寻求一种"能够越障的作战机器"，而这被认为是催生坦克诞生的最初创想之一。而使用可靠的戴姆勒引擎的105马力牵引车后来经改进后，亦成为所有英国早期型坦克的标配。

在一战英军的各种保障车辆中，最有意思的莫过于战地巴士了，是的，就是和那些行驶在伦敦街道上的标志性的双层巴士并无二致的载客车辆。一战爆发时，各国军队仍普遍依靠畜力运输，英军之前曾在演习中尝试过使用客用巴士运兵的做法，陆军的评价是"有待进一步评估其稳定性"。不过到了1914年开战之后，倒是英国海军率先把民用巴士投入了战场。

开战第一个月的8月22日，正值英国远征军在蒙斯之战中阻击德军之际，英国海军部特别派遣陆战队前去保卫法国和比利时的多个重要港口。鉴于当时英军上下能有的1200余辆汽车几乎已全部随远征军赴法参战，情急之下的海军大臣丘吉尔转而请求伦敦通用公共汽车公司提供一批巴士用于运兵。公司方面欣然同意，并立即在公司员工中募集志愿者，结果从"大量报名者"中挑选出75个车组。9月初，75辆伦敦巴士到达法国，随后赶往法比边境，在里尔（Lille）、图奈（Tournai）和伊普雷斯（Ypres）等地和英国陆战队一起行动，担负起运送兵员和物资、甚至巡逻的重任。当比利时重要城市安特卫普

⬆ 战场上的英军"毛虫牵引车"

⬆ 英军士兵搭乘改为敞顶的战地巴士

⬆ 在法国布洛涅集结的战地巴士

（Antwerp）在10月遭到德军围攻时，这批巴士又向该地抢运陆战队和法国军队，这些来不及改涂军方色彩而依旧保留着伦敦街道上的颜色和公司标识的大巴，俨然成为战场上的一道独特风景线。在安特卫普城沦陷之后，许多巴士继续留在法国参战，只不过改涂歇于融入战场背景的黄褐色油漆，看起来较像军用车辆一些。

　　看到海军使用的民用巴士在安特卫普的积极表现之后，英国陆军也开始征召这种客运车辆。10月18日，伦敦公共汽车公司向陆军提供了300辆B型巴士，其中150辆在志愿者驾驶下先期赶赴法国，另外150辆则在拆除上部车体后改装成卡车或其他保障车辆。在此之后，陆续又有更多的巴士开赴战场，从1914年到1918年，共有1300辆B型巴士在英军中服役，占到伦敦公共汽车公司全部B型巴士保有量的一半。这些巴士以每连75辆的规模在战地大量编成辅助公共汽车连队，成为"临时民转军"的一种著名车型。一战结束后，许多车况仍保持完好的巴士又回到伦敦街头，洗尽硝烟，重新干起了运送平民乘客的老行当。

⬆ 伦敦巴士充当军车的壮观场面

第四章

法国：让火炮跑起来

　　法国陆军是世界最早对摩托化车辆产生浓厚兴趣的军队之一。在1900年于法国本土举行的一次工业产品展示会上，就有不下11种专为军队打造的各色机械车辆同台展出，种类包括联络车、军官乘用车、运兵车、医疗车、通信车、牵引车、卡车等。这些五花八门的新鲜设计大都获得了法国战争部的小批量订单，有一些车辆还赶上了在当年的军事演习中亮相。不过等到这阵新鲜劲儿过去后，法军对于摩托化车辆的装备进程就显著放缓了，于是当一战爆发时，整个法国陆军的车辆全部加起来只有220辆，包括91辆卡车和31辆救护车，剩下的是一些牵引车、参谋部车辆和轻型车辆。

　　当进入战争后的法国陆军寻求适合在短期内大规模生产的卡车时，国内厂家能够应标的方案却屈指可数，使法国不得不先是从意大利，后来又从英国和美国大量进口卡车。法国本土制造的一种重要卡车型号是贝利埃CBA 6吨级卡车（Berliet CBA 6-Ton Truck），它在法军中的地位大致可以与英军中的托尼克罗夫特J型卡车相提并论。由马里乌斯·贝利埃（Marius Berliet）创办的CBA车辆制造厂成立于1894年，在1906年第一次推出了自己的商用2吨级卡车。在战争需求的刺激下，贝利埃以这种2吨级卡车的技术为基础，打造出了全新的6吨级军用卡车。

　　CBA 6吨级卡车装有1台4缸25马力汽油机，车身底盘采用全钢材质打造（英国的许多卡车底盘都是木制的），同时配以实心橡胶胎，最大载重3.5吨，最高

▲ 法国贝利埃CBA 6吨级卡车

▲ 索姆河战役期间的法军卡车

▲ 凡尔登战役期间行驶在"庄严之路"上的法军卡车

公路速度30千米/小时。坚固可靠的CBA 6吨级卡车一经投入前线，立即成为法军的标准配备，活跃在法军的各个战区中。1916年的凡尔登战期间，在那条由法军无穷无尽的补给车队所构成的"庄严之路"（Sacred Road）上，满载军需物资奔驰着的卡车绝大部分都是贝利埃6吨级Berliet CBAs。值得一提的是，为了有效提高这种车型的产能，贝利埃在1915年建成了世界上第一条真正意义上的汽车生产线，建立生产线后生产效率大为提高，CBA制造厂每天有40辆卡车下线，一战中总共向法军交付了2.5万辆各类汽车；流水操作还极大地降低了整车成本，贝利埃不无夸张地声称他的卡车价格和马车相当。

另一家在法国车辆工业领域具有举足轻重地位的公司是大名鼎鼎的雷诺，它向法军提供的主要卡车型号是雷诺60CV型卡车（Renault Truck 60CV）。公司创始人路易·雷诺（Louis Renault）在1898年打造出了自己的第一辆汽车，两年后又推出了自己的第一辆卡车。第一种雷诺商用卡车出现在1906年，为载重1吨的雷诺10CV型；三年后，雷诺又推出载重1.2吨的20CV型卡车。

到1913年，已经有多达5200人在位于巴黎市郊比兰科特（Billancourt）的雷诺工厂里工作，这家现代化的工厂年产能力为1万辆汽车。法国投入一战后，雷诺的产能迅速转向，为军方服务。一战期间，雷诺日产1200支步枪和6000发炮弹，月产600台飞机发动机、100架飞机、300辆坦克、300辆卡车。

法军最先装备的雷诺卡车就是以稳定可靠著称的雷诺20CV型，基于这一平台，法军还将它改成多款变型车使用。及至1915年底，雷诺不断改进推出载重量分别为2.5吨、4吨、6吨的升级版卡车，其中6吨这款就是雷诺60CV型卡车，它取代20CV型成为在法军中运用最广泛的雷诺卡车。战争后期，西线战场上经常出现一幅有趣的画面：雷诺60CV型卡车载着同样由雷诺打造的FT–17轻型坦克，将这个块头比自己小得多的"同门兄弟"送上战场。

虽然法国在一战期间开发的军用卡车种类完全无法同英国相比，但是法军对于火炮机动能力的格外重视，倒使得法军在一战中装备了多款性能优异、各具特色的火炮牵引车。

时至19世纪末叶，和其他各国军队相似，法军火炮的机动仍然主要是靠马匹拖行。深感于军马拉拽重炮的千辛万苦，一位姓德波特（Deport）的法国炮兵中校利用退役后在一家军工厂供职的便利条件，在一群朋友的帮助下搞出了一种实用型的四轮火炮牵引车设计草案。1910年，德波特把自己的设计交给了潘哈德（Panhard）公司，由后者制成了所谓的夏蒂伦–潘哈德牵引车（Chatillon-Panhard Tractor），该车采用40马力发动机，最大负荷15吨，满负荷时最大速度8千米/小时。

在1911年法军的萨托利（Satory）演习期间，德波特把这种四轮驱动的火炮牵引车展示到了法军摩托化车辆测试委员会的面前，接受了包括行驶在田间地头、爬上斜坡、跨越小障碍等科目在内的一系列测试。虽然委员会没有当场表态，不过他们在1912年3月要求做进一步的测评，到了7月，夏蒂伦–潘哈德牵引车成功地拉着一门155毫米野战炮实施了战地机动。其后又牵引一门220毫米攻城炮及其14人炮组行进，这种重炮的自重超过12吨，而火炮牵引车拖着它在起伏不平的地面上稳当地行进着。

再保守的人也不可能无动于衷了，法军很快就决定采购一批牵引车参加1913年的春季演习。在这场于3月末举行的演习中，夏蒂伦–潘哈德火炮牵引车分别进行了不间断行驶100千米和60千米的火炮牵引演练，其表现被评定为"优异"。

夏蒂伦–潘哈德并不是法军装备的第一种火炮牵引车，但在它出现之前，法军炮兵只尝试过用两轮驱动的牵引车拖行较轻型的火炮，这种牵引车只具备在公路上行进的有限机动能力，而夏蒂伦-潘哈德采取四轮驱动方案，完全"不挑路面"，对于法军炮兵的机动能力而言无疑是一大进步。

军方向潘哈德公司下发的第一份订单为数50辆，于1913年8月开始交付，之后第二单又追加了50辆。在下发更多订单前，法军决定在更加复杂的条件下对这种牵引车做进一步测试，测试的1914年3月恰逢大雨不断，致使夏蒂伦-潘哈德的表现难称满意，后续订单由是被叫停。第一批50辆四驱牵引车装备到了法军第4重炮团，该部因此成为法军中第一支全摩托化开进的炮兵部队。1913年7月14日，这个重炮团被选中赴巴黎参加国庆日阅兵。8月4日法国对德国宣战时，这50辆夏蒂伦-潘哈德牵引车就是法军中规模最大的摩托化车辆集群。

同样致力于四驱火炮牵引车的还有位于拉蒂尔（Latil）的法兰西自动机械公司（French Automative Firm），它在19世纪90年代造出了世界上第一种四驱卡车，在一战爆发后则推出了一款拉蒂尔-塔尔型火炮牵引车（Latil Tar Artillery Tractor）。这种牵引车配备1台4缸35马力发动机，自重4吨，专门致力于牵引轻型和中型的榴弹炮。战事既起，法军把有限的火炮牵引车用于牵引重炮，野战炮和轻型榴弹炮则用马拉，而拉蒂尔-塔尔牵引车的列装改变了这种局面：只要燃料足够，野战炮兵可以迅速地部署到路线上的任何地方。

在一战法军的武库中有一种著名的火炮，那就是号称"法国小姐"的施奈德M1897型A3式75毫米野战炮。这种火炮的机动主要大量依靠马匹，但是西线的地貌妨碍了"法国小姐"的战场机动，为了让这种自重1544千克的优异火炮能够最大限度地发挥威力，法军从1915年初开始研究75毫米野战炮的摩托化解决方案。

◢ 正在牵引火炮的夏蒂伦-哈德牵引车

当年6月，第13炮兵团接收了10辆以美制杰弗里卡车改成的杰弗里牵引车（Jeffery Tractor），成功地实现了"法国小姐"的战地摩托化。不过这种所谓的牵引车并没有采取传统的牵引方式，而是将75毫米野战炮直接装载到了牵引车的后部平台上，野战炮通过安装在车身上的一具斜板实现上下车，实际上可以说是一种火炮运载车而非火炮牵引车。1915年9月和10月，法军陆续组成两个配备杰弗里牵引车的摩托化炮兵营，在前线获得良好反馈后着手编装更多此类单位。

杰弗里牵引车出现后，法军就确信摩托化机动火炮是在西线取得胜利的一大关键因素，考虑到法国野战炮多为木质路轮并不适合长途行军的现实情况，军方希望能够具备更多类似杰弗里运载车那样的火炮机动手段。为此，雷诺公司在1916年初完成了一种新型平板车的设计，称为雷诺FB型火炮运载车（Renault FB Artillery Portee）。该车自重14吨，最大载荷8吨，采用1台110马力发动机，最大速度6千米/小时，主要的特点在于采用了履带式行动装置。

法军在测试后于1916年9月22日下单订购50辆，后于10月27日追加订购350辆，这些运载车从1917年3月起开始交付，到一战结束时共交付了256辆。入役后的雷诺火炮运载车表现活跃，每8辆负责运载1整个炮连（包括若干弹药、补给、4门炮、炮兵40～50人）；适用的火炮型号除"法国小姐"外，还包括施奈德M1913型105毫米野战炮和施奈德M1915型155毫米榴弹炮等。

另外一种和雷诺FB型近似的车辆由施奈德（Schneider）公司打造。1915年1月，西欧战场上的英国军队装备了被称作"毛虫"的霍尔特15吨级牵引车，这种足以拉动重炮的牵引车令法国炮兵眼馋不已。为了寻求自己的重炮牵引车方案，法国军方向国内几家知名车辆制造厂商发出邀约，施奈德以极大的热情参与到其中。该公司派出自己最好的设计团队赴英国现场取经，观摩"毛虫"展

⌃ 雷诺FB型火炮运载车

◈ 越野测试中的施奈德牵引车

示期间，法国人意外遇上了美国霍尔特拖拉机公司的代表，鉴于英军的"毛虫牵引车"就是以霍尔特的75马力农用拖拉机为基础制成，施奈德方面立即和霍尔特公司达成了合作意向。当年5月，施奈德从霍尔特购入75马力拖拉机和缩小版的45马力"霍尔特婴儿"（Baby Holt）拖拉机各一辆，进行牵引火炮的改装测试。三个月后，施奈德公司向法军总参谋部提交使用报告，认为"霍尔特婴儿"正适合改装火炮牵引车，于是军方出资向霍尔特公司订购15辆"婴儿"，施奈德公司从1916年2月起交付改装的火炮牵引车。

不过，尽管霍尔特拖拉机的履带和悬挂装置颇为不错，但是作为火炮牵引车的性能却并不完全令法国人满意，毕竟，这是一种相对功率较小的农用机械。于是改制火炮牵引车的工程半途而废，转而以"婴儿"底盘为基础开发一种类似雷诺FB型的火炮运载车，由此研究出了施奈德CD型火炮牵引车（Schneider CD Artillery Tractor），该车自重10吨、最大载荷3吨、最大速度8千米/小时。1916年10月，法军向施奈德订购第一单50辆CD型牵引车，后增至500辆，第一批于1917年8月交付，由于生产进度缓慢，到一战结束时只完成了110辆。

1917年8月，法国陆军司令部发文要求将所有的75毫米野战炮团全部改成摩托化；而到德军于1918春季发动反攻时，法军已经编成不下20个这样的摩托化野战炮团，当年6月达到27个，停战时已编成33个之多。这支可畏的机动炮兵力

⬥ 施奈德CD型火炮牵引车

量由8600辆火炮运载车和运输车支撑，计有4.4万人之众，其活动范围和反应程度大大超越马拉的传统炮团，成为一战结束时法国陆军实力的象征。

这种由美制车型改制的法国牵引车还广泛地被美军和英军使用，有趣的是美军使用这种车辆牵引而非运载火炮。究其原因，主要是美国火炮多为钢质路轮，比法国火炮的木制路轮更适合长途快速行驶，也就不用费事地搬上搬下了。

一战法军还装备着几种功能各异的特种车辆。其中一种颇令人惊奇的是所谓的"移动救护站"或"移动手术室"（Mobile Surgery）。时至一战之前的1912年，法国陆军已经装备了一批战地救护车，但是由施奈德公司推出的移动救护站却是一个全新的概念。这种箱形车辆装有1台40马力发动机，最大公路速度30千米/小时，车体后部有2扇对开的车门，并配有登车阶以方便担架进出。在颇为宽敞的车厢里，车体空间被划分为3个舱室，后部为洗手池、药柜和一个容量为200升的水罐；中部是3.6米长、2.3米宽的手术室，手术台和照明灯等一应俱全；前部则是侧面开门的驾驶舱。施奈德的移动手术室确实是一种观念超前的设计，而且非常实用，可惜因为造价过于高昂而未能在法军中大量装备。一战中陆续出现过几种类似的医疗车辆，定位基本上都是受到施奈德移动手术室的影响。

雷诺公司在特种车辆方面的一大贡献为制造了雷诺探照灯运载车（Renualt Searchlight Carrier）。战争开始后，大功率的探照灯由以往单纯的海岸防御设备变为适合多种任务的重要装备，包括战场照明、远距离信号沟通以及防空等。雷诺公司以自己的2吨级商用车底盘为基础开发出这款探照灯运载车，车组共5人，驾驶舱内装有供灯具使用的发电机和备用电池。装在车体后部的灯具是可拆卸式的，配有一条300米长的电缆，也就是说可以把探照灯部署到离开车体

300米远的地方使用。受到这种奇特车型的启发，英军后来也把自己的一批卡车改成了类似车辆。

而若要论一战中最令人称奇的法国特种车辆，则恐怕非巴黎出租车莫属了。1914年9月6-7日夜间，法国首都的出租车司机们集合起来，按照巴黎军政长官约瑟夫·加里埃尼（Joseph Gallieni）将军的紧急指令，他们驾驶漂亮的大红色雷诺AG 1型出租车将临时民转军，向巴黎城外的前线运送部队。

每辆出租车运送5名士兵，其中4人坐在后排座位，1人坐在司机旁边的副驾驶位置上。所有出租车列队行进，全部关闭前大灯只开着尾灯，后车跟着前车的尾灯行进。雷诺出租车出色地完成了使命，把第62步兵师的5000余人运到了距巴黎100千米远的战场上，成为一战初期至关重要的、彻底确保了巴黎安全的马恩河会战中的一支生力军。这是战争史上令人难忘的一幕。史称"马恩河出租车"（Taxi De La Marne）的这一事件，戏剧性地表明了摩托化车辆能够对传统的战役进程产生怎样巨大的影响。

◥ 巴黎出租车开赴马恩河前线的场面

⬥ 表现法军士兵坐出租车上前线的绘画作品

⬥ 载入史册的"马恩河出租车"

第五章

美国：了不起的福特 T

  美国加入一战的时间很迟，不过这个国家发展兴旺的车辆制造工业为奔赴欧洲战场的美国远征军提供了丰富的保障车辆选择。当美国于1916年春天和邻国墨西哥发生边境冲突时，美国陆军一共只装备了200辆卡车和汽车，从那时起，美国军方就开始提高对摩托化车辆的重视程度。参与美墨冲突的约翰·潘兴（John Pershing）上校更是充分认识到军队摩托化的重要性，当他后来奉命出任美国远征军司令时，自然对这些装备格外强调。

  对之前三年的欧洲战事的观察，也有助于提升美军的摩托化水平。一战爆发后，英法两国都从美国购买了大量的卡车，其中许多是能力很强的四驱车，这些车辆的表现让美国军方决心让自己的远征军尽可能减少火炮对马匹的依赖。当然，由于国内的产能释放需要时间，加上跨海运输等原因，初到欧陆的美国远征军最初是通过向英国"借用"了4000余辆卡车的做法来弥补装备不足，后来还从法国借了一些（有趣的是，美军借来的许多卡车实际上就是美国汽车厂商向英法两国出口的）。而很快地，美国国内大大小小的车厂便以战时需求为导向，或推出新车型，或加大生产力度，令美军成为一战中保障车辆装备类型最多的军队之一——令人难以置信的总共装备过294种品牌或型号！

  一战中最成功的美制四驱卡车要算是FWD B型3吨级卡车（FWD Model B 3-Ton Lorry），FWD是成立于1912年的美国四轮驱动汽车公司（Four Wheel Drive Auto Company）的缩写。把多家厂家按照授权生产的产量加在一起，B型3吨级卡车的总量高达1.6万辆，使用者包括美国、英国、俄国等，考虑到这种卡车在1913年全年只出厂了18辆，美军1916年的订购量也仅为38辆，其最终的总产量无疑是相当惊人的。这种卡车在公路上行驶时仅以后轮驱动，在非路面条件下则可以改成四驱模式；在战场上，FWD卡车的一个常见任务是伴随坦克行动，负责运送坦克所需的燃料和水。

知名车厂道奇（Dodge）在1916年的美墨冲突中就提供了一种道奇30型军用卡车，虽然数量不多，但树立了可靠耐用的良好口碑。美国加入一战后，道奇立即成为军方最重要的合作伙伴之一，在战时共提供了7376辆参谋部车辆、2644辆轻型卡车、1012辆修理卡车。在这些车型中，道奇半吨级轻型修理卡车（Dodge 1/2-Ton Light Repair Truck）配备有大量可用于战地修理的工具和设备，同时保持着道奇卡车底盘良好的通用性，在战场上广受欢迎。

杰弗里"四方"卡车（Jeffrey Quad Lorry）是一战中使用最广泛的卡车之一，该车是美军军需部门和位于威斯康辛的杰弗里公司（Thomas B Jeffrey Company）沟通的结果。这种卡车自重2吨，同样采取4轮驱动，而且每个轮子都有独立的刹车装置，据说可以在32千米/小时的最大速度状态下于不超过卡车自身长度的距离内刹停。到一战结束时，这种卡车共向美、法、英各国军队共交付了1.14万辆。

还有一种受到协约国军队大量使用和好评的美国卡车是麦克AC型"斗牛犬"卡车（Mack AC "Bulldog" Truck）。20世纪初期，位于纽约布鲁克林的麦克兄弟公司（Mack Brothers Company）成功地由马车制造转型为汽车生产，并

⊙ 美国杰弗里"四方"卡车

⊙ 美国FWD B型3吨级卡车，画上的车组还戴着防毒面具

从1914年开始为美国军队设计制造军用卡车。AC型卡车于1916年问世，一个缺点是驾驶舱最初没有安装风挡玻璃，优点则是变速箱和传动装置非常可靠，通过复杂路面的能力很强。英军装备了约2000辆AC型，当其他的卡车在法国乡间陷入一直没到车轴的泥沼中时，AC型卡车却能继续前行，英国人由是为它送上"斗牛犬"的外号，要知道那时斗牛犬就是英国的象征，这确实是一种极高的评价。当美军开赴欧洲战场后，相继装备了4470辆AC型卡车，另外法军也有部分装备。有意思的是，当麦克兄弟公司得知英军为这种卡车所封的外号后，干脆在1922年把公司的商标图案换成了斗牛犬。

一战中另一家重要的卡车供应商是派卡德（Packard），它原本是美国知名的豪华车制造商，但从1914年起相继为英、法、俄、美各国军队制造卡车，其中美军共装备了526辆1.5吨级卡车和3479辆3吨级卡车。派卡德3吨级卡车（Packard 3-Ton Truck）是这家公司的招牌产品，在战场上的机动能力令人印象深刻，让最初装备该卡车的美军部队对它更有"大开眼界"的评价。以之为基础，美军还尝试为其加装射速100发/分钟的3磅速射炮，成为对付敌军观察气球的原始自行高炮。虽然评估认为此种改装并未达到预期要求，不过批评主要是集中在速射炮的射程不够远，而不是针对派卡德卡车底盘的机动性。

一战后期美国还大量制造了一种被称为"自由"B型3.5吨级卡车（Liberty B 3.5-Ton Truck）的型号，这并不是某一家公司的产品而是多家公司联手，按照美国军方的要求而集中生产的型制规格统一的卡车。在美军标准制造委员会的协调下，多达15家卡车制造厂统一技术规范，只用了10周时间就完成了第一辆"自由"卡车的设计制造。该车自重3.5吨，采用四轮驱动配置，最大速度24千

◀ 陈列中的FWD B型3吨级卡车实车

米/小时，定型后由各厂分别生产。军方下发的订单数量高达4.3万辆，到一战结束时实际交付的数量是9452辆。

虽然没有参与到军用卡车的大规模生产中，美国霍尔特公司仍以其独具特色的产品线名噪一时。由本杰明·霍尔特（Benjamin Holt）一手创立的霍尔特公司成立于1890年，此后专注于农用机械的设计制造，于1905年首度推出配备汽油机的履带式拖拉机，从而为自己开辟出广阔的市场空间。霍尔特拖拉机的第一个军方客户乃是奥地利军队，而在一战爆发后，英法军队的许多火炮牵引车都源自于霍尔特的农用拖拉机，甚至于后来出现的英国坦克也在行动装置上大量借鉴了霍尔特拖拉机的经验。

和霍尔特的情况相似，另外一家知名的汽车厂商同样在军用卡车方面无所建树，而是以小型人员乘用车辆著称，这家公司就是大名鼎鼎的福特，其在一战中最著名的产品就是福特T汽车（Ford Model T Car）。著名的福特T是一战中使用最广泛的小型车辆之一，光是英军的装备数量就达到1.9万辆之多，美军也大量装备了这种车型。福特T原本是一款极为成功的民用汽车，在摇身一变成为军用车辆后的最大变化是后部辟出了储物舱，其他的车身、底盘、动力等则基本上保留原样。该车配有1台4缸22马力汽油机，装有可用于紧急制动后轮的手刹。

△ 在一战中成为多种军用车辆设计之源的霍尔特拖拉机

福特T最大的优势是结构简单易于大量制造，同时车体坚固耐用、养护要求不高，价格还相当便宜。

由于福特的当家人亨利·福特（Henry Ford）一开始拒绝让自己的汽车用于作战行动，因此加入美军的福特T的主要定位是救护车，后来又充当参谋部用车、轻型货车、巡逻车、联络车等。福特T救护车（Ford Model T Ambulance）是协约国军队中最常见的救护车之一，它的车厢可以装载3具担架或者4名采取坐姿的伤员，驾驶舱里另外还可以容纳2名坐着的伤员。福特T的自身重量较轻，适合在不同条件的路面上行驶，有时就算陷到了坑里，几名士兵合力也足以把它抬离困境。到一战结束时，在欧洲战场上的福特T救护车至少在4300辆以上，许多美军医务兵和国际红十字会的志愿者都驾驶过这款救护车，包括大作家恩内斯特·海明威（Ernest Hemingway）和开创了迪士尼时代的沃特·迪士尼（Walt Disney）在内。

在一战后期还出现过一款独特的变型车——福特T铁路牵引车（Ford Model T Rail Tractor）。它保留了原车的车体、发动机、传动装置等，将4个路轮改为窄轨铁道路轮，从而可以在协约国军队于西线战场上铺设的前线窄轨体系上运行，用于运送弹药和补给品。

前文说过，福特本人一直反对把福特T变成作战车辆，不过在英国使用者手中，福特T却在多个场合发挥着作战车辆的高效率。英军所使用的最有名的福特型号是福特T轻型巡逻车（Ford Model T Light Patrol Car），这些车辆的活动舞台主要是在北非和中东。

🔺 由福特T改成的救护车

🔺 停在一所战地医院前的福特T救护车

最早参与作战行动的福特T属于威斯敏斯特公爵（Duke Of Westminster）指挥下的英国皇家海航的装甲汽车中队，这支机动部队于1915年下半年在埃及和利比亚边境地带同德国和土耳其支持下的塞努西人（senussi）作战。塞努西人一直对埃及构成重大威胁，装甲汽车中队的到场则扭转了局势，这个中队编有一些真正意义上的装甲汽车，福特T轻型巡逻车虽然本质上没有武装，但是乘员们带着步枪和机枪上车参战。

同那些装甲汽车的乘员一样，福特T的车组们也视自己为精英部队，自重较轻的福特T在沙漠地带极为灵便，而重得多的装甲汽车倒是经常发生抛锚。福特T车组受到严格的纪律约束，每次出动都配有专职的技术修理人员，每辆车携带两个备胎，如果有谁擅自饮用了用于发动机冷却的淡水，甚至会被控上军事法庭。

福特T在作战行动中大放异彩。在一次相当典型的行动中，几辆福特T长驱直入195千米，从敌人手里救回了几名落难的英国水兵。在1917年的加沙（Gaza）战役中，福特T同样发挥了重要作用，之后又在巴勒斯坦腹地的进军中"一车当先"。在美索不达米亚战役期间，福特T的参与数量达到数百辆之多。

福特T成为投送步兵的有效机动手段，扮演着骑兵师的"眼睛"，是传奇人物"阿拉伯的劳伦斯"（Lawrence of Arabia）最珍爱的车型之一。一言以蔽之，福特T既是一战保障车辆中的佼佼者，同时也成功地跻身一战作战车辆的行列。

△ 坐在这辆福特T副驾驶位置上的就是"阿拉伯的劳伦斯"

第六章

同盟国：老牌帝国的工业之光

当时光从19世纪流入20世纪，在古老的哈布斯堡王朝统治下的奥匈帝国已入垂暮之年，同这个古老帝国各个领域散发出来的守旧气息相一致，奥匈军队的摩托化进程拖泥带水、乏善可陈。陆军在战前主要是从英美等国购入卡车，而在战时则从帝国的盟友德国人那里获得帮助。

奥匈帝国拥有斯柯达（Skoda）这样一个全欧洲最顶尖的军工厂之一，它生产的一系列大口径重炮是奥匈军火库里的明星装备。正是基于服务这些重炮的需要，奥匈在火炮牵引车的开发上还算是有所作为。奥匈军队最初的一批牵引车是由美制霍尔特拖拉车改进而来的，这个拖拉机系由布达佩斯的工厂按照国外公司的授权许可生产，经过程度不大的改装成为火炮牵引车，不过只适合拖行一些轻量级的野战炮。

一战爆发后，奥匈军方开始为斯柯达的一种标志性武器——305毫米M.11型重型攻城榴弹炮（Skoda 30.5cm Morser M. 11）寻求可靠的牵引车。地处维也纳新城（Wiener Neudtadt）的奥地利–戴姆勒公司在三家公司的竞争中胜出，其方案中选后定名为奥地利–戴姆勒M.17型火炮牵引车（Austro–Daimler Artilleriezugwagen M.17）。据说，与之竞争的另外两家的方案"都令人失望透顶"。

值得指出的是，战时在奥地利–戴姆勒公司担任首席设计师的乃是一位名叫斐迪南·波尔舍（Ferdinand Porsche）的博士工程师。波尔舍虽然设计了一战奥匈军队的火炮牵引车，但他的名字在当时还不为人所知，进入20世纪三四十年代后，波尔舍就渐渐成为一个同时在民用和军事工业领域赫赫有名的人物。他设计了传奇的大众"甲壳虫"汽车（Volkswagen Beetle），在二战中设计了"虎"式（Tiger）重型坦克和"斐迪南"式（Ferdinand）重型驱逐坦克，开创了汽车豪华品牌保时捷（Porsche）的辉煌……

由波尔舍博士设计的M.17型火炮牵引车配备1台四缸80马力发动机，采用四轮驱动，轮径达1.5米，由于奥匈帝国很难在协约国的战时封锁下获得足够的橡胶，因此路轮是全钢质的。这种牵引车可以拖行最大重量为24吨的火炮，因此适合牵引自重21吨的305毫米重炮；牵引车最多可以携带11发305毫米炮弹，另外的炮弹由1辆配套使用的5吨级拖车负责运送，这辆拖车的路轮也均为钢质。奥地利-戴姆勒M.17型火炮牵引车的产量只有138辆，其中有一批随同"借"给德军的若干305毫米重炮一同在德军中服役。

305毫米重炮推出后不久，斯柯达公司便开始研发新一代的重炮，包括口径240毫米、380毫米和420毫米等几种方案，奥匈军队希望新型火炮可以获得和305毫米重炮一样的机动方案。受领开发任务的还是奥地利-戴姆勒公司，主持设计的还是波尔舍博士，这次他完成的是B型火炮牵引车（B-Zug Artillery Tractor）。该车具有相当复杂的驱动模式，1台6缸汽油机和发电机相连，行驶过程中发电机驱动2台电动发动机。很显然，这种汽油-电动混合动力方案具有超越其时代的新颖性，因而被奥匈方面宣称为当时世界上最先进的火炮牵引车。

路试表明，B型牵引车在牵引重炮的情况下可以达到12千米/小时的速度，如果载荷减小的话还可以跑得更快，从这一点看性能还算不错。但事物都有两面

⊙ 奥地利-戴姆勒M.17型火炮牵引车

▲ 奥匈帝国B型火炮牵引车

▲ 奥匈M.1915型机动餐车

性，它那过于超前的动力装置反倒成为其拖累：发动机的维护甚至是发动都很费劲，滤油器每隔2～3小时必须彻底清洗，传动装置每隔10千米必须养护甚至更换，所有这一切让波尔舍博士的新发明没能赢得公司高层所期待的军方大单。

在笨重的火炮牵引车之外，奥匈军队另有一种小巧的保障车辆颇值得一提，那就是机动餐车（Feldküche）或者说是机动野战厨房。一战期间的奥匈军队装备有两款机动餐车，较早问世的M.1905型体形较大，由4匹马拉，1辆可以供应1个连的伙食。后来针对复杂地形又推出缩小版的 M.1915型，只需要1匹马即可拉动，内置的3个40升煮锅犹如左轮手枪一般在炉火上轮流转动，保证里面的食物都处于加热状态，每辆车可以供应120人的热食。

与奥匈帝国相比，其战时盟友，另一个中欧帝国德意志第二帝国具有远为雄厚的工业基础，在军用保障车辆的开发上也要先进得多。德国人在车辆发展的许多重要历时节点上都站在时代的高位，因此军队的摩托化进程也开始得很早。德国陆军在1898年的演习中首次测试了一辆戴姆勒公司打造的卡车，立即认为其具有极为突出的优越性，此后开始订购更多的汽车、摩托车和卡车以做进一步评估。自此，德军开始追逐摩托化的梦想。

1908年，德军在当年的夏季演习中第一次有组织地运用摩托化车辆，当时使用4辆阿德勒公司（Adler）提供的轻型卡车组成了一个"军需专列"，配属到第25骑兵旅参加演习。到当时为止，德军的后勤保障作业清一色地依靠马匹和马车。演习期间，这4辆阿德勒卡车往返于军需仓库和演习场，平均日行距离超过150千米，每辆配备1名司机和1名军需官执行运补任务。这些临时涂上了军队色彩的商用车辆表现良好，令第25骑兵旅大称便利。据说，这次德军演习正是刺激英军开始积极寻求自己的军用卡车的一个重要契机。

到一战爆发时，德国是欧洲最工业化的国家，奔驰和戴姆勒制造可靠的汽车和卡车。可令人意外的是，德军在追求技术革新的同时却又保持着极为守旧的另一面，这使得全军只有数量不多的保障车辆，和德国强大的工业能力完全不成正比。

在大规模动员开始之后，德国军队不得不紧急大量征召民用车，涉及的品牌自然众多，比如阿德勒、奥利克斯（Oryx）、万德勒（Wanderer）、NAG、洛伊德（Lloyd）、贝克曼（Beckmann）、奔驰、戴姆勒、欧宝（Opel）等。有几种被临时选用的民用车型以其出色的性能持续受到军方青睐，其生产和列装也就贯穿一战始终。其中最著名的一款便是梅塞德斯1913型参谋部用车（Mercedes 1913 Staff Car），这种车装有功率高达95马力的强劲发动机，最大公路速度可达到惊人的110千米/小时，当时被认为是世界上同类型车辆中的No.1。

其实在一战爆发之前，为了提升军用保障车辆尤其是卡车的产能，德国政府就已经效仿英国引入政府津贴的做法，刺激汽车厂商参与其中。新政的推行促使德国的工业体系推出了一批易于快速生产的车辆设计方案，不过其生产的便利性要等到战争开始后才逐步显现出来，最终于一战期间新出厂的德国卡车总量大约在4万辆左右。

德军装备库中最早的卡车代表作之一是由汉诺威车辆制造厂（Hannoversche Waggonfabrik）推出的一种蒸汽机卡车，顾名思义，这种自重4吨的卡车以老式的蒸汽机为动力，为此还装有一台笨拙的竖式锅炉。于1908年晚期装备德军的汉诺威蒸汽机卡车虽然在一战爆发时已显过时，但基于当时卡车装备数量不足的局面而继续服役，不过其最多可载运5吨物资，这一点还算是其亮点。

NAG公司的4吨级卡车（Nag 4-Ton Lorry）是最早享受到德国政府津贴补助的车型之一。德军在1908年末发布新型卡车的竞标书，要求全车加上最大载荷的重量不超过8吨，发动机功率不小于35马力，每辆要配挂拖车。值得注意的是标书特别指出：卡车和拖车的车体宽度不能超过2米，轮距不能超过1.52米。对军用卡车来说，这意味中标的新型号将是一种相对车身较窄的设计，而这一点正是具有强烈的战争针对性的，其潜台词是新卡车要适应法国较为狭窄的乡间道路！1909年夏天，NAG的4吨级卡车在12家公司的竞争中胜出，该车配有60马力发动机，量产后成为一战初期德军卡车装备中的主力型号一战。这种卡车还有一种装载80个气罐（每个容量为0.15立方米）的特殊衍生型号，是专门为飞艇和观察气球提供补给的特种车辆。

另一种主要的卡车型号是戴姆勒"马林菲德"卡车（Daimler Marienfelde Truck），该车自重3吨，配备50马力发动机，最大公路速度30千米/小时。自1914年起装备德军，生产一直持续到1917年，总产量约不足4000辆。

战时，德国人还尝试把戴姆勒卡车升级为一款机动火炮平台。为了应对来自空中的威胁，军火大王克虏伯打造了一款大仰角火炮，可以以75度的最大仰角攻击至多距地面2400米高的目标，火炮共有三款，分别定位为卡车运载、舰艇运载、野战使用。为了能够让火炮跟上快速飞行的目标，德军选定戴姆勒50马力卡车为装载平台，为此在卡车的后部增加了弹仓和炮组座椅，并在侧面加装折叠板以作为射击平台。这种被称为克虏伯–戴姆勒气球攻击车（Krupp-Daimler Balloon Destroyer）的东西被一些军史家认定是世界上第一种真正有效的自行高炮。当新型的88毫米高射炮在1917年首度装备德军后，也采用了类似的车载配置，充当装载平台的依旧是戴姆勒的卡车。

在火炮牵引车方面，德军除使用奥匈提供的相关型号外，也有本国设计制造的车型，最主要的是布辛公司的KZW 1800型火炮牵引车（Büssing KZW 1800 Artillery Tractor）。布辛公司由海因里希·布辛（Heinrich Büssing）于1903年创办于不伦瑞克（Braunschweig），它的第一款产品是2吨级卡车，获得了较大的商业成功。一战开始后，布辛的设计团队开始研发牵引车，其中KZW 1800型是和德国军方定向合作的产物，定位为拖行重炮的牵引车。

◎ 德国戴姆勒"马林菲德"卡车

◎ 德国布辛KZW 1800型火炮牵引车

这款牵引车于1916年定型，配备一台6缸90马力发动机，车体前部设有绞盘，后部特意为炮组设置了长椅，还辟有专门的弹舱。该车的一个外观特征是后轮的轮径大于前轮，只有少量初期生产型的前后车轮轮径相同。除了标准的火炮牵引方式外，德军还有一种独特的牵引法，即炮身悬空。依靠一种特种货运支架，架挂在前面的牵引车和后面的特制拖车之间，避免了火炮路轮的直接接地。

众所周知，直瞄火炮的射击精度有赖于准确的观察与火控，为此德军在一战中还装备了一种称作前进观察站（Forward Observer）的特种车辆。该车号称可以有效解决炮击观察分队有时无法利用制高点实施观察的问题，其实它就是一种配有防护板的小型云梯登高车，车上容两人操作，还装有野战电话装置。从行进方式来看，这就是一种双轮拖车，它可以马拉，可以由别的车辆牵引，甚至可以人力推行。这种玩意儿只在西线最初的运动战时期发挥过一定的作用，当静态的堑壕战开始后，这种极易沦为活靶的登高车便从前线消失，德军的炮兵观察分队都转入掩蔽良好的暗堡里去了。

和奥匈军队一样，德军士兵也可以享受到移动热餐供应的便利，因为他们装备有自己的流动厨房——Hf.13型大型机动餐车（Grobe Feldküche Hf.13）。这

▲ 这是德军中被称作前进观察站的特种车辆

种餐车的设计极为精细，它的中部置有容量为200升的双层煮锅，两层之间放置甘油，从而有效地降低了餐车外壁的温度来避免使用者不慎烫伤。餐车左侧装有容量90升的咖啡机，也可以用于烧开水；右侧是平板炉，用来烹制土豆和德国人最爱的香肠。在战场上，这种餐车通常和Hf.11型两轮拖车配套使用，拖车可以搭乘炊事人员，还可以放置大量的食材和罐头等。德军为每个步兵连配备一套这样的机动餐车，一辆Hf.13型餐车最多可以同时满足225人的用餐需求。

◆ 德国士兵们围在Hf.13型大型机动餐车旁

◆ Hf.13型大型机动餐车的配餐情况

第三篇

装甲汽车

第七章

初露端倪："倒扣的浴缸"及其他

　　如前篇所述，摩托化车辆的出现对军事领域造成了重大的影响，在各主要军事强国不断装备以各种类型发动机驱动的保障车辆的情况下，各国军队的动员、集结、开进和保障补给能力较马匹时代发生了翻天覆地的变化。自然的，摩托化带给军队的好处远不止便捷地运送兵员和物资，各国的车辆设计师们很快就为自己的汽车加装武器和钢板，让它们从"无害"的自行装置变成顶盔贯甲的机械骑士、口吐烈焰的地面猛龙、冲锋陷阵的移动堡垒。

　　当搭乘若干名车组成员的车辆在配备了机枪甚至小口径火炮，车体重要部位甚至车体周身安装了防护钢板之后，就升级成了"装甲汽车"（Armored car），它是一战各国武器库中的明星装备。装甲汽车是在坦克问世之前兼具机动力、火力、防护力于一身的"高科技武器"，而且在某些场合还发挥过决定性的作用。

　　几乎是在第一批以蒸汽机为动力的火炮牵引车开始装备部队的同一时期，装甲汽车最初的影子就已经出现了。1854年在英国，詹姆斯·考文（James Cowen）把自己制造的一种以蒸汽机为动力的车辆称作"战斗车辆"（Battle Car）并上呈军方，结果被认定"过于粗糙"。在于1861年开始的美国内战中，一个名叫查尔斯·迪金森（Charles Dickinson）的工程师为南部邦联军队打造了一种装有小口径火炮的蒸汽车辆，不过直到南北战争结束都没有接受过实用的检验。这些发明家努力研究的成果没能转化为战斗力，倒并不是军方固执保守的结果，受累于蒸汽机、锅炉及燃料的体积，那时躯体庞大的蒸汽车辆确实不可能成为什么灵活有效的战斗机器。要等到轻便高效而价格便宜的汽油发动机的出现，才使得装甲汽车的研发成为可能。

1896年，也就是德国人戴姆勒推出世界上第一辆汽油机汽车的同一年，美国发明家佩宁顿（Pennington）向公众展示了他设计的一款顶部敞开的装甲汽车，据说引发了围观者的极大兴趣。两年后，他的同胞洛耶尔·戴维森（Royal Davidson）少校推出了一种三轮汽车，上面装一挺柯尔特机枪及防盾。

在英国，从德国戴姆勒公司购买了发动机专利的西姆斯于1899年开始产生了同佩宁顿和戴维森相同的冲动。他试制了一种安装了1.5马力戴姆勒发动机的四轮机车，车上安装一挺马克沁机枪，机枪自身还配有防护钢板。当年6月，西姆斯携自己的新发明在伦敦最大的皇家园林里士满公园（Richmond Park）亮相，吸引了不少观摩者。西姆斯把这款新车称作"摩托化侦察车"（Motor Scout），但他并不满意，因为驾驶员完全没有保护。他产生了让车体周身都被装甲包裹的新想法，由此发展出来的是一种颇为复杂的设计，称作"摩托化战车"（Motor War Car），通过更换路轮还可以在铁道上行驶。

到了1902年，西姆斯把改进后的"摩托化战车"带到了在水晶宫（Crystal Palace）举行的一次展览会上，他认为这已经是自己理想的作品。参观者在展厅里看到的是1辆顶部敞开，四周围有钢板的奇怪车辆，据一位报纸记者的描述，"看上去就像是会自己前进的倒扣的浴缸。"这辆"战车"前部架着1门马克沁1磅速射炮，后部架着2挺机枪，车体钢板厚度6毫米，发动机功率16马力，最大

● 美国人戴维森和他的装有武器的三轮汽车

● 西姆斯在1899年推出的"摩托化侦察车"

公路速度16千米/小时，车组4人；另外，如果拆掉武器而当作运兵车，则可以运载12名步兵。无论是外形还是性能简介，"倒扣的浴缸"都引发了观摩者们的啧啧惊奇和普遍兴趣，但英国战争部除外。

西姆斯的发明激发着其他英国人的想象力。1906年，英国海军陆战队测试了一种在农用拖拉机上加装钢板的车型，但测试结果不甚了了。同年，阿姆斯特朗·惠特沃思爵士（Sir Armstrong Whitworth）的纽卡斯尔公司（Newcastle Firm）为瓦尔特·戈登·威尔逊（Walter Gordon Wilson）设计的一种汽车加装了钢板，这样产生的装甲汽车成为第一种配备了行星齿轮变速箱的车型，钢板对发动机实施了有效防护，不过驾驶舱却是暴露在外。

到了1913年也就是一战爆发的前一年，惠特沃思爵士的工厂自己制造了一辆全封闭的装甲汽车，这种带有安装机枪的圆柱形炮塔的车辆看上去颇为可靠，不过却是应俄国军方邀约而开发的。至于英国陆军，直到一战爆发也没有装备任何的装甲汽车。

第一辆真正具有实用性的装甲汽车，是由俄国人和法国人合作完成的。1904年的日俄战场期间，一位俄军远东集团军的哥萨克部队指挥官、格鲁吉亚人米哈伊尔·纳卡席泽（Mikheil Nakashidze）将军，目睹了步兵和骑兵在这场战争中惨遭杀戮，刺激了他搞创造发明。然而，他满怀热情提交的装甲汽车的设计蓝图却被统帅部搁到了一边。高层的冷淡或许有技术方面的因素，他们怀疑俄国的工厂没有能力把这个设计变成现实。

经过痛苦而无奈的等待，纳卡席泽让人把草图送到了法国，在异乡寻求生产厂家。纳卡席泽的代表最终找到了巴黎近郊的"夏隆，吉拉多特和沃伊特公司"（Charron，Girardot Et Voigt，C.G.V.），并和该公司签订了一纸生产36辆该车的合同。夏隆公司具有这方面的基础，在之前的1902年，由该公司打造的一种作战车辆就曾亮相于巴黎车展。该车配有40马力发动机，前部为没有装甲防护的驾驶舱，车体后部的装甲舱室犹如一只（没有倒扣的）大浴缸，内装一挺带防盾的8毫米哈乞开斯机枪。

和纳卡席泽的预期大有落差，最终只有3辆装甲汽车从夏隆出厂。这种被称作纳卡席泽-夏隆（Nakashidze-Charron）的作战车辆是一种车体全封闭的装甲汽车，前部发动机部位装有钢罩，整个车舱由钢板包裹一体，后部上方伸出可以旋转的机枪炮塔。该车自重3吨，配有4.5～8毫米厚的钢板，安装1台30马力

英国人西姆斯发明的"倒扣的浴缸" 纳卡席泽-夏隆装甲汽车车为许多装甲汽车奠定了结构基础

发动机，火力为2挺机枪（其中1挺装在可旋转炮塔里），最大公路速度45千米/小时，采用了自封闭式轮胎来有效减轻子弹和破片的影响，车上还携带着钢管以备在需要时随时铺设越过壕沟。法国人对这种车辆做了测试，综合评价非常高，有一个缺点是机枪发射时的尾烟弥散在封闭的车舱内令人难受。

而令纳卡席泽悲伤的是，即便只造出3辆装甲汽车，结果竟然还在由法国取道德国运往俄国的途中"失踪"了2辆，到纳卡席泽手里的那1辆算是"硕果仅存"了。顺带提一下，"失踪"的那2辆装甲汽车不久后竟然出现在德国陆军的演习中。

从纳卡席泽-夏隆装甲汽车出现到1911年，法国陆军中一位摩托化车辆的爱好者根提（Genty）上尉不断摸索，为几种潘哈德和克莱蒙特·贝尔德（Clement Bayards）公司的民用车辆安装了机枪和适度的防护，这些车辆在法国和摩洛哥等地进行了展示，但并不为军方看好。

虽然没能获得在任何军队中大规模列装的机会，纳卡席泽-夏隆装甲汽车仍然是装甲汽车演进史上的一个重要节点，它为此后出现的许多种装甲汽车奠定了结构基础。1909年，法国的另一家公司哈乞开斯为土耳其军队制造了4辆装甲汽车，其构造分明就是照搬照抄纳卡席泽-夏隆，只不过是改用了较新一些的车辆底盘。哈乞开斯疑似侵权的做法绝非个例，事实上，后来在一战中出现的许多种装甲汽车的整体布局都与纳卡席泽-夏隆装甲汽车高度相似。

英国和法国的未来敌人，也在做着自己的研究。鉴于大部分早期军用车辆只能在公路或平整的地面上行驶，奥匈帝国的奥地利-戴姆勒公司从1903年起开始研究一种四轮驱动的装甲汽车，希望令其具备全地形通行和作战的能力。这种自重3吨、配备1台35马力发动机的车辆，为3人车组提供了3毫米钢板的全面防护，可以旋转的半球形炮塔内安装了1门小口径火炮和1挺机枪（也可以改为2挺机枪的方案），最大公路速度达到45千米/小时，从性能细节上看要优于纳卡席泽–夏隆装甲汽车。

戴姆勒公司的这一得意之作于1905年首次在德军的秋季演习中进行了模拟实战条件下的测试，第二年投入到奥匈陆军的秋操中。装甲汽车在秋操中的展示不幸因为一个意外事件而糟糕收场，当装甲汽车开足马力在58岁的奥匈皇帝弗朗茨·约瑟夫一世（Franz Josef I）面前驶过时，皇帝胯下的骏马被汽车发动机的怪声吓得拔腿乱跑，险些令皇帝陛下翻身落马，于是奥地利–戴姆勒装甲汽车原本大有前途的研发工作就此戛然而止了。

德国陆军于1906年装备了欧宝公司一款带有轻便装甲的参谋部车辆，在车组携带武器的情况下，这大概算是德国的第一种装甲汽车。这一时期，德国有一种非常超前的设计，那就是由埃尔哈特（Erhardt）公司推出的一种"气球高射炮"（Ballon Abwehrkanone）。它是在一款60马力卡车上加装50毫米大仰角高平两用火炮，然后为车体加装全封闭的装甲外壳，成为专门对付敌军观察气球的装甲汽车。在飞机和飞艇的雏形发展时期，这的确是一个非常引人注目的超前设计，不过或许因为过于超前，以至于没能赢得军方的订单。总的来看，德军高层对于装甲汽车的热情并不大，他们似乎满足于在演习中从国外借一些装甲汽车来使用，至于本国的设计开发始终处于非常初级的阶段。这在很大程度上是因为德军对自己的传统机动部队——骑兵——有着无与伦比的自信。

与此同时，在欧陆之外，那位美国发明家戴维森也在继续着他的试验。他于1902年"成功测试"了2辆安装了钢板的汽车，并于次年试图说服美国陆军参谋部购买自己的发明，因为"骑兵团需要在侦察中使用汽车"，不过未能如愿。从1909年到1910年，戴维森又在几辆卡迪拉克（Cadillac）汽车上加装机枪、无线电，甚至探照灯。这些招摇过市的作战车辆终于为戴维森引来了军方订单，不过为数只有4辆，而且是来自危地马拉军方。

戴维森显然不是一个会被挫折轻易打倒的人，他继续折腾他的卡迪拉克汽车。到了1915年，他制造出了美国第一辆真正意义上的装甲汽车，车体罩上了装甲舱室，武器为2挺带防盾的柯尔特机枪。这年秋天，戴维森开着他的卡迪拉克装甲汽车从芝加哥赴旧金山做展示，历时34天的旅程令这种新奇的车辆受到了公众的普遍关注。不过"装甲卡迪拉克"依旧未打动美国陆军,最后被一家军校购入当作教学用车。

虽然许多国家对于装甲汽车这一新型机动式进攻平台做出了或多或少的尝试努力,但是基于尚不成熟的技术条件和军方参差不齐的认知水平,普遍没能在量产和装备部队上取得实质性的进展。早期汽车的各个关键部件自身就很不稳定,发动机功率也不足,加上攻防武器后更是故障频发,这使得没有哪支军队乐意花大价钱去订购这样的东西。其结果是,到1914年8月一战爆发时,尚没有任何一个国家的军队装备大量的装甲汽车,但是"八月炮火"犹如发令枪,枪响之后,各主要交战国军工厂在装甲汽车这个领域的竞争便马上剧烈地展开了……

第八章

英国:银色魅影

英国军队对于摩托化作战车辆的迟缓反应,随着一战的爆发而迅速发生了改变。在这场战争到来之前,英国人只是在布尔战争期间使用过一种以蒸汽机为动力并临时加装了钢板和机枪的车辆,这可以算是英军历史上的第一种装甲汽车。而在一战期间,英国各大车辆制造商的热情被战火点燃,质、量兼顾地打造出了众多成功的装甲汽车型号,不仅装备了英军,同时向盟友大量输送。虽然型号众多、品牌不同,但一战中的英国装甲汽车却大体有着相同的技术特点:车体结构和零部件设计简单易于大量制造,基本上都是两驱车底盘,而没有成功的四驱车型号。

由于在战前并没有相关的研发和装备,因此当英国远征军在一战开始后开赴西欧战场时,完全没有制式的装甲汽车。所以,最先装备使用装甲汽车的英军部队并非陆军而是皇家海军航空队(RNAS)这一事实,也就不会让人感到过分惊讶。

皇家海航在1914年8月底向法国派出了一个飞行中队，其任务是随时准备对德国境内的齐柏林飞艇基地发动远距离空袭。这个中队配有若干供人员乘用的车辆，中队指挥官查尔斯·参孙（Charles Samson）则把它们用于侦察和机场防卫。在受到协同作战的比利时人的启发之后，参孙开始让部下为这些汽车加装机枪，一辆装有50马力发动机的梅塞德斯汽车装上了一挺马克沁机枪，另一辆罗尔斯-罗伊斯（Rolls-Royce）汽车成了搭乘持枪士兵的运兵车。9月4日，这些战地改装的"原始版"装甲汽车成功地在卡塞尔（Cassel）附近袭击了一队德国卡车。在这个战果的鼓舞下，参孙达成了同敦刻尔克造船厂的协议，由后者为海航中队的汽车安装钢板，这一工作是在参孙的兄弟费利克斯·参孙（Felix Samson）的主持下完成的。虽然由于用料不精和赶工进度使然，这些车辆的防护性能平平——只有在450米以上的距离才对德军的步枪子弹有效，而且车舱主体还是敞开的，但毕竟至关重要的发动机和机枪手的位置得到了保护，而且这样一来，这些改装车也更像是装甲汽车了。

在敦刻尔克造船厂感受到了改装乐趣的费利克斯，下一步动作是尝试将从伦敦调至战场的民用大巴改装成作战车辆。他让人为大巴安装了钢板，还装上了一门3磅炮，不过由于改装后的"大巴战车"速度偏慢，无法用于实战。

参孙中队对车辆的成功改造，让其最高上司、英国海军部的航空处（Admiralty Air Department）对装甲汽车产生了深厚的兴趣。在海军大臣丘吉尔的大力支持下，航空处开始在国内寻求多样化的装甲汽车设计方案，陆战车辆的开发由航空部门来推进，不得不说是一段令人惊奇的往事。而考虑到丘吉尔后来在英国坦克开发上的积极作用，可以说这种"不务正业"是由来已久。

应标航空处此次招标的公司主要有罗尔斯-罗伊斯、塔尔波特（Talbot）、沃尔斯利（Wolseley），其设计大同小异：发动机和驾驶舱由8毫米厚的钢板包裹，为了加大承重而采取双后轮配置，机枪手的位置没有防护。这些车型以"第一批海军部样式装甲汽车"的统一名号进入小规模预生产，不过饱受对机枪手位置暴露这一缺陷的批评。

为此，航空处又成立了一个委员会，专事寻求一种坚固耐用具有全车防护能力的装甲汽车，成员均为具有实际经验的人，包括来自皇家海航的两位中队长布里格斯（W Briggs）和海瑟林顿（T G Hetherington），以及熟悉军工业界的威姆伯恩爵士（Lord Wimborne）和麦克纳马拉（N C Macnamara）。由于时间要求很紧，不可能完全"从头开始"，委员会只能从现成的民用车型中去寻找灵感，他们一致认定罗尔斯-罗伊斯汽车是最合适的选择。于是罗尔斯-罗伊斯装甲汽车的传奇开始了。

罗尔斯-罗伊斯以自己著名的市场热销车型"银色魅影"（Silver Ghost）汽车为改装对象，在其底盘基础上打造装甲汽车。"银色魅影"汽车本来就是世界汽车史上的一个传奇，这一车型最早出现于1906年，直到1926年才停产，总产量为7874辆，素以稳定可靠性能优异而著称。装甲汽车的改装工程，基本上就是在民用车底盘上套装一个装甲盒子（最厚部件的钢板为12毫米），然后在后座乘员的上方加装一具可旋转炮塔，内置一挺7.7毫米维克斯水冷机枪。和民用车一样，装甲汽车的发动机仍为前置，为了加大承重力而将后轮改为双轮配置，同时改用结构加强的悬挂装置。这种后轮驱动的车型没有配备前轮刹车，所以在制动时有点费劲；车轮为高压充气橡胶轮胎，车体上挂载的备胎是必不可少的。

完成后的罗尔斯-罗伊斯装甲汽车的自重4.6吨，车长接近5米，以任何标准来看都显得有些过长，这意味着需要较大的转弯半径。该车配有一台6缸80马力

⬆ 罗尔斯-罗伊斯装甲汽车在中东战场大有用武之地

水冷汽油机，最大公路速度72千米/小时，最大里程240千米。全车车组包括驾驶员、车长、机枪手各1人，驾驶员座椅居中，车长和机枪手在后部站立配合操纵机枪。有时为了缓解车内狭窄的情况会减少一名机枪手，这时由车长单独操纵机枪，同时需要驾驶员一手握方向盘，一手扶着供弹带，需要指出的是装甲汽车的车内环境非常恶劣，在长距离行驶和射击时尤其如此。

第一辆原型车于1914年12月3日完成，经过短暂测试后即获军方认可，罗尔斯–罗伊斯装甲汽车由是正式入列，被英军称作"海军部炮塔样式罗尔斯–罗伊斯装甲汽车"（Rolls-Royce Armoured Car: Admiralty Turreted Pattern）。

考虑到罗尔斯–罗伊斯汽车的生产向来以慢工出细活而闻名，军方征用了当时正在等着装配原来车体的"银色魅影"的全部底盘，并要求接下来罗尔斯–罗伊斯的生产线要优先确保装甲汽车的订单。

到12月月底，已经有一个海航中队装备了12辆罗尔斯–罗伊斯装甲汽车，不过先是部署在英格兰东海岸而没有前送法国战场。到1915年1月末，罗尔斯–罗伊斯公司又完成了一批装甲汽车，可是马克沁机枪供货不足还得等待调配；及至3月，有2个中队完成了实战部署，一个赴法国，另一个赴德属西南非战场。

⬆ 皇家海航的罗尔斯–罗伊斯装甲汽车

罗尔斯-罗伊斯装甲汽车在战时的产量为120辆，虽然这个数字同保障车辆完全无法相比，但是就一战装甲汽车的产量来说已经是一个相当大的数字。与之相匹配的是，该车不仅是一战英国装甲汽车中的典范，也是当时世界上首屈一指的先进作战车辆之一。对许多人尤其是英国人来说，罗尔斯-罗伊斯装甲汽车就是装甲汽车的代名词。可惜由于它出现得有点迟，错过了开战之后头几个月里的运动战黄金时期，之后在西线的堑壕战局面下无从发挥的情况下，便转去外围战场服役，在中东和北非等地写下自己的一幕幕生动往事。

　　曾经有过一辆独特的"银色魅影"，它属于那位领导阿拉伯人对抗土耳其人的传奇人物"阿拉伯的劳伦斯"。劳伦斯有一辆1913型的"银色魅影"，在自行为车辆的引擎部位加装了钢板并装上了机枪之后，他称这辆罗尔斯-罗伊斯为"蓝色迷雾"（Blue Mist），成为劳伦斯上校在巴勒斯坦传奇往事的一个组成部分。"蓝色迷雾"后来经过进一步改装后入列英国陆军的装甲汽车单位，一战之后转入英国皇家空军继续服役到1922年。

　　与"蓝色迷雾"相似，大量的罗尔斯-罗伊斯装甲汽车都在一战后的20年代和30年代继续活跃着，最迟的作战记录甚至出现在二战期间的1941年。那时，

▲ 享有盛誉的罗尔斯-罗伊斯装甲汽车

英国皇家空军驻伊拉克的装甲汽车连仍在使用这种装甲汽车，并且在击退伊拉克人对哈巴尼亚（Habbaniya）进攻的战斗中出力甚多。

除了享有盛名的罗尔斯–罗伊斯装甲汽车，另一款知名的英国作战车型是兰彻斯特装甲汽车（Lanchester Armoured Car）。这种设计良好、外观漂亮的装甲汽车是由兰彻斯特公司的一种38马力小型汽车改进而来，车体布局基本和罗尔斯–罗伊斯装甲汽车一致，在后部的圆形炮塔里装有一挺维克斯–马克沁机枪，另外在条件允许的情况下，车组通常还在车内再带上一挺刘易斯轻机枪。其发动机的位置设在驾驶员座椅的旁边，这样车体的正面装甲就可以实现一定角度的倾斜从而提高防护力。该车的底盘较低，行驶相当稳健，悬挂装置也优于罗尔斯–罗伊斯的。兰彻斯特装甲汽车自重4.8吨，配备1台6缸60马力发动机，最大公路速度80千米/小时，乘员3～4人。

兰彻斯特装甲汽车的第一辆原型车完成于1914年12月，1915年初第一批量产时将原来的单后轮换为双后轮，到3月制造了36辆，分别装备了3个海航中队。到1915年5月，这些装甲汽车已经全部运抵法国，其中有一批配合比利时军队作战，使用期间以"机械故障极少"而闻名。到了1915年下半年，鉴于西线的态势并不适合装甲汽车施展所长，从两个海航中队中征调了20辆前往俄国参战。英国人对于这批装甲汽车的评价是，"它们跑过的里程比任何一种其他型号的装甲汽车都要多得多"。

在早期由参孙改装的车辆中，加装了机枪的梅塞德斯汽车的表现颇为抢眼，英国人非常希望能够有更多此类车辆装备。可是由德国制造的梅塞德斯汽车当然不可能再供应给英国人，而英国自己又没有类似的大型乘用车型，

◎ 由英国皇家海航使用的兰彻斯特装甲汽车

◎ 出现在俄国战场上的兰彻斯特

于是转而相中了由位于美国底特律的标准汽车公司（Standard Motor Truck Corporation）制造的一款谢尔布鲁克（Seabrook）汽车，进口了一批来改装成装甲汽车。改装工程仍然由参孙兄弟和敦刻尔克造船厂合作实施，为这款配有4缸32马力发动机的美国汽车加配了8毫米钢板、1门3磅炮和5人车组，成为谢尔布鲁克重型装甲汽车（Seabrook Heavy Armoured Car）。这款车没有罗尔斯–罗伊斯和兰彻斯特那样的炮塔，3磅炮安装在一个转盘上，车体两侧的装甲可以放下，在作战时形成炮手站立的平台。

改装完成的谢尔布鲁克装甲汽车重达10吨，第一辆于1915年2月5日交付使用，之后为在法国作战的每个海航中队配备了3辆。作战定位是与罗尔斯–罗伊斯和兰彻斯特装甲汽车合编，为后者提供火力支援。但是英国人在使用了几次后就发现了一个尴尬的事实：谢尔布鲁克装甲汽车根本跟不上它应该支援的那些轻快的装甲汽车。

有鉴于此，英军改变了混编装甲汽车的办法，改由谢尔布鲁克装甲汽车单独编成重型装甲汽车中队，用来执行对速度和灵活性没有太高要求的任务。比如进攻敌军的坚固火力点，另外还有一些调往英国本土充当海岸上的自行高炮，以备飞艇来袭。在战场上，谢尔布鲁克装甲汽车过大的自重经常压迫自己的悬挂装置出故障，其机动性非常差，甚至连最窄的小沟也能构成天堑。不过它所搭载的3磅炮总是很受欢迎，英国远征军司令部就曾致函海军部希望"多送点来"。

另一种同样以美国汽车为底盘改造的作战车辆是皮尔利斯装甲汽车

从后部观察兰彻斯特装甲汽车的舱室情况

英国谢尔布鲁克重型装甲汽车

以美国汽车底盘改造的皮尔利斯装甲汽车

（Peerless Armored Car Armored）。1915年，英国从美国购入一批5吨级的皮尔利斯卡车，由奥斯丁汽车公司（Austin Motor Company）负责改装作业。奥斯丁保留了原车的40马力发动机，改用实心橡胶胎，同时后舱也加装了一套驾驶装置，这样可以直接倒开。皮尔利斯装甲车的一大特点是"双炮塔"，即设置了左右并列的2个炮塔，里面各装有1挺维克斯-马克沁机枪，车组共4人。该车总共制造了25辆，是和谢尔布鲁克一样的行动迟缓、身躯沉重的重型装甲汽车。

第九章

俄国：钢铁洪流先声

或许再没有哪个国家像俄国那样对装甲汽车情有独钟了。当各主要军事强国陆续进入摩托化时代之际，几乎没有自己汽车工业的沙皇俄国在这方面是比较落后的。然而和人们一贯印象相反的是，俄国却在装甲汽车这一领域别有建树，而且沙皇俄国拥有的装甲汽车数量是所有一战交战国中最多的。这种对装甲汽车的偏爱经过之后的俄国国内战争，一直延续到卫国战争时期。这一条地面重装备的技术发展之路，为后来强大的红军机械化部队奠定了技术基础，从这个意义上讲，一战俄国的装甲汽车正是日后滚滚钢铁洪流的先声。

在俄国，有据可查的最早装甲汽车的设计出现在1899年。当时，一位名叫德维涅斯基（Dvinitsky）的设计师受俄军炮兵委员会的委托，设计了一辆装有一门带防护盾速射炮的车辆。由于当时俄国的工业发展水平比较落后，这辆以蒸汽为动力的试验车辆从未正式完成过。

如前文所述，俄国的纳卡席泽将军参与打造了世界上最早的实用型装甲车。而在由法国夏隆工厂运来的样车终于抵达俄国后，纳卡席泽便于1905年向俄国战争部提交书面申请，要求对装甲汽车这一武器的实用前景展开全面评估，以使俄国陆军能早日大规模拥有这种武器。和他的超前思维恰成反比的是，高层部门一如既往地保持迟钝。直到1906年初夏，纳卡席泽的这一成果才被送往圣彼得堡（St.Petersburg）接受全面测试。此后被纳入7月的俄军大演习，俄军总参谋部还建立了一个专门委员会，来评估装甲汽车在未来战争中的作用。

7月大演习结束后，各方面对装甲汽车的评价几乎完全是赞美之词：适合侦察，适合通讯联络，可以打击敌方骑兵，可以扫荡游击队，同样可以追击败退之敌……一项展开量产的建议也在此时顺理成章的产生。然而，令人大跌眼镜的是，高层人士在最后时刻又变了卦。他们的观点是，生产这种新武器所要占据的资源不可避免的要以牺牲其他武器的生产为代价。这种态度实在令装甲汽车的设计者和拥护者们无可奈何，纳卡席泽虽然开创了一条新路，但却始终无法让它进入量产。

1914年，一战爆发。俄国战争部的首脑们这才从炮声中惊醒，他们急忙从"废纸篓里"拣出了纳卡席泽的报告和军事演习中对于装甲汽车的书面评估。"装甲汽车确实适用于战争"，这次，他们终于承认。随后，装甲汽车部队匆匆组建。要求组建装甲汽车部队的命令匆忙下达，俄国终于开始寻找大规模生产这种武器的可能性。尽管有一些成熟的设计，但以战争爆发时俄国的生产准备而论，显然不可能在短期内生产出能满足前线需要的装甲汽车。

为了尽快组建一支有战斗力的装甲汽车部队，俄国不得不从国外进口装甲汽车。对俄军来说，幸运的是部分有识之士顶住压力，在战争爆发前一年就向一些国外公司下单了；不幸的是，由于同时要满足本国的军备需求，这些外国公司几乎没有一家能够如期向俄方交货，战前订购的车辆只能随着战争进程而零星到达。算起来，俄军在一战中使用的装甲汽车型号超过30种之多——尽管有些型号仅有区区数辆。到1917年夏天时为止，俄国的装甲汽车进口数量超过500辆，而俄国自行生产的装甲汽车大约在200辆左右。

在俄国购入的外国装甲汽车中，包括有从法国购入的30辆雷诺装甲汽车和150辆标致装甲汽车，从意大利购入的120辆，从比利时购入的30辆等，而俄国人最为重要的合作伙伴则是英国。英国各工厂向俄军提供了型号多样的装甲汽车，车型包括罗尔斯-罗伊斯（18辆）、兰彻斯特（36辆）、皮尔利斯（31辆）、奥斯丁、谢菲尔德-辛普莱克斯（Sheffield-Simplex）、阿姆斯特朗-惠特沃思等等。

谢菲尔德-辛普莱克斯装甲汽车直接使用了同一品牌的民用汽车底盘，外形特点是装有各设1挺机枪的双炮塔，乘员5人，自重5.9吨，为了提升性能而将原来的30马力发动机改良成为60马力，因而该车的速度较快。到1916年时，俄军共接收了25辆。俄国人原本对这种车型非常看好，但是它在俄国乡村小路上糟糕的通行能力让俄军迅速取消了原本已拟定的更大数量的订单。

阿姆斯特朗-惠特沃思车的设计特色是采用了实心橡胶双联轮胎，该车乘员5人，最大公路速度60千米/小时，另外其2个机枪炮塔都是可旋转的。从1913年到1916年，俄国人先后得到了36辆。虽然实心轮胎在步枪子弹面前不再那么娇气了，但这种车在实战中的麻烦还是接二连三，那些使用该车的士兵们给予它的评论十分刻薄。

至于进口车型中的"明星"，大概非奥斯丁汽车莫属了，该车的全系产量加起来超过200辆，就数量而论是一战装甲汽车中的佼佼者。奥斯丁公司是俄国陆军最重要的海外车辆供应商，在1913年就和俄国签订了一份装甲汽车的供货合同。奥斯丁在战时打造的装甲汽车并未装备英军，是定向装备到俄军的"专供产品"。俄军先后使用的奥斯丁装甲汽车包括初期型和3种改进型，英国设计师细心地为这些车辆采用了胎面上加有颗粒突起的实心胎，以适应俄国的路面。这些型号的所有武装都一样，为分装在左右并列的两个炮塔中的2挺机枪。型号间的差别在于，初期型装甲厚度为4毫米，最大公路速度50千米/小时，乘员4人，车重3吨，发动机功率30马力；而改进型的装甲厚度增至8毫米，速度60千米/小时，乘员增至5人，车重提高到5.3吨，发动机功率亦增为50马力。

即使是奥斯丁这样的重要合作伙伴，在完成订单方面也存在问题。俄国分别在1914年订购48辆初期型，1915年订购60辆改进2型，1916年订购60辆改进3型，但这些订单都只完成了一部分，全部完成的只有1917年的20辆改进4型的订单。

◎ 早期生产型号的奥斯丁装甲汽车

◎ 俄军阵营中的奥斯丁装甲汽车

特别值得一提的是于1916年8月推出的3型，其车体前部的观察孔加装了防弹玻璃，减少了侧面观察孔。更重要的是，这批车辆不再是从奥斯丁整车进口，而是仅仅购入车辆底盘，由俄国本土的车辆工厂自行完成车身装配。有三家俄国工厂在装甲汽车领域有所成就，它们都位于首都彼得格勒（Petrograd，俄国对德国宣战后自圣彼得堡改名而来）的市郊地区，分别为伊左斯基厂（Izhorsky）、奥布科夫厂（SOOZ）和普提洛夫厂（Putilov）。这三家工厂大多依赖国外汽车底盘来改装装甲汽车，其中奥布科夫的产能最低。以造船和军火为主业的普提洛夫规模最大，在卫国战争中，这家工厂将以新的名字基洛夫（Kirov）工厂而闻名于世。

奥斯丁3型装甲汽车的装配工作就交给了普提洛夫，不过原定于1917年完成的60辆奥斯丁装甲汽车3型的交付工作受到了十月革命的影响，到1918年3月仅仅完成了33辆。这批被称作"俄国奥斯丁"（Russian Austins）或奥斯丁-普提洛夫装甲汽车（Austin-Putilov Armored Car）的车辆虽然赶不及参加一战，却广泛地参与了其后的俄国内战并且在此期间继续生产，成为交战双方尤其是红军阵营中的战场利器。奥斯丁3型或者说是奥斯丁-普提洛夫装甲汽车另有一种独特的变型车辆，那就是奥斯丁-凯格雷斯半履带车（Austin-Kegresse Halftrack）。虽然在侦察、联络、火力支援等方面表现不俗，但轮式汽车越野能力差的问题也日显突出，尤其俄国的大小道路质量普遍糟糕，若逢冬春季的雪地和秋季的泥沼，则装甲汽车几乎寸步难行。而引入履带式行动装置，无疑是针对厚重车辆在复杂路面行驶困难的一个应对办法。

◎ 被称作"俄国奥斯丁"的奥斯丁-普提洛夫装甲汽车

◎ 俄军大量装备的奥斯丁装甲汽车

俄国战时工业委员会的头头们命令普提洛夫工厂用广受欢迎的奥斯丁装甲汽车为基础开发半履带车。这时，一个名叫阿道夫·凯格雷斯（Adolphe Kegresse）的法国人加入了设计团队，此人是深受沙皇器重的御前车队统领，之前在1913年就设计过一种轻型履带装置。普提洛夫开始尝试把这种装置"嫁接"到奥斯丁装甲汽车上，这一尝试在1916年8月获得初步成功，俄军当即下单50辆。这种半履带装甲汽车保留了原车的基本结构，虽然最大速度下降到25千米/小时，但胜在行驶性能显著提升。

▲ 极具个性的奥斯丁-凯格雷斯半履带车

▲ 俄国战场上的奥斯丁装甲汽车

▲ 细观奥斯丁-凯格雷斯半履带车

1916年深秋，对半履带车深感满意的军方曾计划把所有在役的装甲汽车全部改成半履带车，虽然想法不错，但是工程量显然过于庞大，最终成为一纸空文。事实上，一旦极具个性的奥斯丁-凯格雷斯半履带车正式装备部队，沙皇俄国陆军就将成为世界上第一支装备了半履带装甲汽车的军队。可是这种变型的奥斯丁直到1919年才得以出厂，随后就和奥斯丁-普提洛夫装甲汽车一样投入了红军和白军的厮杀。

　　与寻求进口相伴始终的，是俄国进行装甲汽车本土化生产的不懈努力。随着战争的进展，进口的外国车尤其是英国车，多少都暴露出不适应俄国道路条件的致命伤。有鉴于此，隶属于俄军总参谋部的技术部临时组建了一个名为"装甲汽车委员会"的分支机构，负责促进本国装甲汽车的设计和生产。

　　这对于本土装甲汽车工业的发展是一个利好。但是，光靠一个委员会不可能改变落后的面貌。1908年以前，全俄国只有一些小型的装配车间而已。当时唯一具备生产条件的是位于拉脱维亚首府里加的俄罗斯-波罗的海（RBVZ）汽车厂，该厂于一战爆发后的1915年搬迁到塔甘罗格（Taganrog），到那时一共生产过450辆各型汽车和卡车。战争期间，俄国本土装甲汽车的主要产能集中在彼得格勒的三大工厂中，而自创装甲汽车的努力主要由其中伊左斯基和普提洛夫来实施。

　　伊左斯基工厂是沙俄海军的装甲钢板主供应商，具有一定的生产基础，到1919年为止，该厂共生产了119辆装甲汽车。其中的主要型号伊左斯基-姆格布洛夫-雷诺装甲汽车（Izhorsky Mgebrov-Renault Armored Car）是法国车辆底盘和

● 伊左斯基-姆格布洛夫-雷诺装甲汽车

俄国军官的战地创造天赋在1915年的一次别开生面的结合，其主要设计灵感是由骑兵上校姆格洛夫提出来的。

虽然产量很小只有11辆，伊左斯基–姆格布洛夫–雷诺仍然是一战中别具一格且据有独到地位的装甲汽车。其外形令人过目难忘——从前挡开始直到车身后部的炮塔位置，几乎全是呈倾斜角度的钢板，在减少钢材用料的情况下有效地提升防护性能。装甲板倾角变化的理念不仅领先于交战各国，而且很容易令人联想到日后苏军的T–34坦克，看来苏军在二战中首推坦克大倾角正面装甲的做法在一战中已有雏形。该车保留了雷诺汽车的底盘布局，发动机前置，驾驶员居中，后部是炮塔及其吊篮，炮塔内置2挺7.62毫米机枪。虽然攻防性能不错，可受制于功率仅为30马力的发动机，这种装甲汽车在整路面上的最大速度也仅有只有12千米/小时。

在上述的装甲汽车推出之后，姆格布洛夫上校又基于手头的奔驰汽车搞起了类似的装甲汽车改装，其外形同样具有倾斜钢板的特征。遗憾的是，就在第一辆姆格布洛夫–奔驰样车完成几天之后，这位极富想象力的俄国骑兵上校就在一次战斗中阵亡，直接导致新车的后续发展被束之高阁。

和姆格布拉夫一样对机械发明有着浓厚兴趣的还有另外一位军官，那就是在西里西亚战线上的俄军参谋部军官波普拉夫科（Poplavko）。他于1915年搞出了一种以自己名字命名的装甲汽车，外形看上去就像是几个箱体的组合。该车构造简单而实用，前部装甲厚达16毫米，而且加装了专门对付铁丝网的金属尖角，为了驱动重达8吨的车身，波普拉夫科首次采用了双发动机系统。

测试表明，车体前部的金属尖角可以勾倒铁丝网，而在一种配套便桥的帮助下，该车可以较为轻松地越过堑壕。它迅速引起了高层的关注，这种武器的出现或许将打破令人苦闷的堑壕战啊！于是波普拉夫科从前线被紧急征召回彼得格勒，负责协调生产该车为数的30辆第一批。1916年10月，首批数辆波普拉夫科装甲汽车刚一出厂，就被编成独立分遣队送往和奥匈军队对峙的前线。然而，与俄军过高的期望值相反，该车在穿越堑壕时不是陷入宽壕，就是被敌方的侧方火力击穿。于是这种车又被送回试验场，并且再也没有出来过……

尽管姆格布洛夫和波普拉夫科的作品已经足够新奇，但若论俄国装甲汽车最大的奇观，则非普提洛夫工厂的一种奇特车型莫属，它同时是一战期间所有装甲汽车的重量之王和火力之王。

在俄国人看来，装备火炮而非机枪的重型装甲汽车将成为决定胜负的关键，而习惯于为海军打造武器的普提洛夫的设计师们也非常认同这一点。1916年，其中一位设计师兰德尔（F.F.Lender）就以美国的加福特（Garford）M68/69型5吨级卡车底盘为基础，研制出了普提洛夫-加福特装甲汽车（Putilov-Garford Armored Car）。

这种重达11吨的重型装甲汽车造型怪异，简直像是把好几个炮塔堆到一个装甲澡盆上，该车多炮塔布局赋予它空前的火力：1门76.2毫米火炮和1挺7.62毫米机枪置于车体后部那具旋转和俯仰都很有限的炮塔中，在车体两侧还各安装了1挺机枪。乍一看去，不免让人联想到"陆上军舰"这一概念，对于普提洛夫

带有迷彩涂装的普提洛夫-加福特装甲汽车

历史一瞬：攻克冬宫期间的装甲汽车

1916年的普提洛夫-加福特车

工厂的海军工程师来说，这可能就是他们所追求的。

这种装甲汽车具有两种规格，其中30辆采用的是加福特M68型的底盘，车长较短；另外18辆改用加福特M69型底盘，车长有所加长。两款的配置和结构并无不同，都采用1台4缸30马力发动机，最大公路速度约为18千米/小时。如果把普通路轮改成铁道路轮则还可以在俄国的窄轨铁路上行驶，不过这样的最大速度也约在20千米/小时左右。普提洛夫–加福特装甲汽车最厚处的钢板为9毫米，车体开有观察孔和射击孔，顶部开有舱盖。全车配备5人车组，其中车长和驾驶员在前部驾驶舱，另外3人是1名主炮手和2名机枪手。

显然的，普提洛夫打造的这种怪物车辆产量少、速度慢、目标轮廓大，并非效费比上乘的作战车型。可是凭借着强大的火力和骇的声势，普提洛夫–加福特装甲汽车在战场上的表现颇为不俗，经常无畏地攻击敌军的装甲汽车甚至装甲列车。

这种完全由俄国人自行创制的装甲汽车拥有多项特殊记录。其一，它是俄国自行研制的装甲汽车中使用寿命最长的，一直服役到1936年前后。其二，它在后来苏联时期的军事教材里被骄傲地列为"世界上第一种轮式自行火炮"。其三，它号称是唯一具备击毁坦克能力的装甲汽车，而在国内革命战争时期，据说真有红军的普提洛夫–加福特装甲汽车在对抗白军坦克的战斗中证明了这一点！

❱ 士兵们在普提洛夫–加福特装甲汽车上展示军旗

❱ 普提洛夫–加福特装甲汽车的火力十分强大

第十章

其他国家：赛车基因和抵抗精神

　　出乎许多人意料的是，第一个在战场上使用装甲汽车的国家是意大利。于1911年发生的意大利和土耳其的战争中，意军向利比亚派遣了一支规模颇大的摩托化部队，大部分装备是菲亚特公司制造的卡车，另有单独的1辆则是由米兰汽车俱乐部捐献的伊索塔·弗拉奇尼装甲汽车（Isotta Fraschini Armored Car）。

　　伊索塔·弗拉奇尼是意大利出名的赛车制造商，这辆配备40马力发动机的装甲汽车在炮塔内装有1挺机枪，车体上还有1挺，秉乘着赛车的基因，这辆周体安装着钢板的作战车辆居然可以跑出60千米/小时的速度。在收获了战场上的好评后，弗拉奇尼又照此样式赶制了几辆，于1912年送抵利比亚参战。

　　弗拉奇尼对装甲汽车的探索是浅尝辄止，一战中意军装备的最主要装甲汽车型号是兰西亚·安萨尔多IZ/IZM型装甲汽车（Lancia Ansaldo IZ / IZM Armored Car）。该车于1916年投产，由安萨尔多公司基于兰西亚卡车底盘打造，是一种颇为不错的设计，自重3.7吨，以40马力发动机驱动，车体钢板厚8毫米，最大公路速度达60千米/小时。它具有2个大小不同层叠配置的炮塔，内置2挺8毫米布雷达（Breda）机枪。这一型号称为IZ型，在1917年生产了30辆；之后取消了上层小炮塔，另在车体后部加装1挺机枪，这样的IZM型一共生产了120辆。两种型号的车组均为6人，其中车长、驾驶员、技术员各1名，另外三名是机枪手。

　　由于意大利军队在一战中的主要敌人奥匈帝国的战场以绵延起伏的山地为

主，装甲汽车的使用空间很有限，不过在一战结束后，兰西亚·安萨尔多装甲汽车仍大有活动舞台。意军在北非和东非都大量使用了这种作战辆，投入到入侵埃塞俄比亚的作战以及干涉西班牙内战的行动中。该车的服役史甚至延续到1943年9月之后，那时，德国人为一批从意大利人手里缴获的安萨尔多装甲汽车涂上了铁十字标志，用于部队驻地的警戒任务。

在意大利之外，另一个比较出乎人们意料的事实是，第一个在一战中广泛使用装甲汽车的国家是比利时。这个一直持中立国立场的小国在一战爆发后即遭到了德国的入侵，英勇的比利时军队奋起抵抗，在战事初起之际，比军就使用无武装的汽车运送狙击手们到前线去伏击德国人。

1914年8月末，比军中的一位汽车爱好者查尔斯·汉卡特（Charles Henkart）中尉把他的2辆迈纳瓦（Minerva）汽车送进位于霍布肯（Hoboken）的科克里尔工厂（Cockerill Works）加装钢板，以便更好地执行战场侦察任务。9月6日，其中1辆被德军伏击，车上的汉卡特中尉当场身亡。值得安慰的是，由他起头的比利时装甲汽车制造由此展开了。

迈纳瓦公司很快就在安特卫普的工厂推出了标准化的迈纳瓦装甲汽车（Minerva Armored Car），它以自己的4缸40马力汽车——也就是汉卡特驾乘的那种——为基础制成，自重4吨，最大公路速度40千米/小时，顶部敞开，周边配有4毫米钢板，武装为带有防盾的8毫米哈乞开斯机枪（另有几辆改装一门37毫米火炮）。该车车组为3人，通常战斗时会又搭载由另外3人组成的小分队，对于这些人来说，一个不便在于迈纳瓦汽车没有设置车门，他们必须爬上爬下

⬆ 顶部敞开的比利时迈纳瓦装甲汽车

才能进出车辆。这种装甲汽车配属比军的骑兵部队行动，通常每3辆一组结队行动，在战争初期颇对德军造成不小的困扰。

作为一战初期最著名的军用车辆之一，迈纳瓦装甲汽车虽然数量仅为35辆，但这种匆匆以民用车改装而成的作战车辆却在战场上有着不俗的表现，加上虽小但英勇的比利时的不屈抵抗所蕴含着精神层面的东西，遂被上升到一种现象级的高度，人称"迈纳瓦方式"（Minerva Approach）。经过几次成功的袭击后，这些装甲汽车作为当时战场上的一个异类，受到各界——尤其是媒体——的密切关注。此时期协约国出版的报刊大量采用了比利时装甲汽车的照片，使得这种武器差不多上升为这个不屈的小国的一种精神象征。

虽然迈纳瓦装甲汽车代表了初期比利时的抵抗精神，但它并没有解决导致汉卡特中尉牺牲的缺陷——敞开无防护的车顶设计。在1914年10月的一次侦察行动中，指挥着一辆迈纳瓦装甲汽车的博杜安·德·利涅亲王（Prince Baudouin De Ligne）中弹阵亡，进一步突显了这一缺陷的致命性。为此，另一家比利时汽车制造厂萨瓦推出了比军第一种全封闭装甲汽车——萨瓦装甲汽车（Sava Armoured Car）。这种车辆的正面装有额外增强的钢板，左侧装有1具探照灯，1挺机枪设在圆形炮塔中，炮塔下方的车体两侧开有不大的舱门。可惜的是，随着工厂所在地列日被德军占领，这种装甲汽车的制造也就随之中止。

法国陆军在一战爆发后仓促组建了自己的第一支装甲汽车部队，自此以后，其主力车型主要是由国内两大汽车生产商雷诺和标致（Peugeot）提供。

在战前占到全法汽车年产量五分之一的雷诺自1914年11月涉足装甲汽车生产，在11月完成了第一个100辆雷诺1914型装甲汽车（Renault Mle 1914 Armoured

🔺 列队中的迈纳瓦装甲汽车

🔺 引发围观的比利时萨瓦装甲汽车

▲ 法国标致装甲汽车

▲ 法国雷诺1914型装甲汽车

◀ 新出厂的雷诺1914型装甲汽车

Car）的订单。该车以18马力雷诺汽车为底盘，后轮采用双轮配置，装有1挺机枪，也可以选装1门37毫米火炮，全车乘员4人。或许是因为该车防护力有限（最厚的钢板4毫米），法军居然要求雷诺方面把这100辆装甲汽车全部改成救护车！极为生气的公司当家人路易·雷诺起初对此断然拒绝，后来勉强同意实施部分改装，剩余部分则依旧保持着装甲汽车的原貌，还向俄国出口了一部分。

另一种面对德军入侵而出现的"速成"作战车辆是标志装甲汽车（Peugeot Armored Car），它以一款雷诺商用卡车为改装基础，装了一个相当难看的炮塔，内置1门37毫米火炮。这一配置虽然令其火力水平凌驾于同类车型之上，但是该炮的射速很低。尽管车重达到4吨，装甲却也仅有5毫米厚，考虑到使用的发动机功率只有30马力，它的最大速度能达到40千米/小时就已经算是相当不俗了。这种装甲汽车装备了法军和俄军，参与过协约国军队在1918年的最后攻势，一战后还在苏波战争中做最后的亮相。

美军所正式装备的第一种装甲汽车，是1916年出现的金装甲汽车（King

Armored Car）。该车是美国海军陆战队同位于底特律的装甲汽车公司（Armored Motor Car Company，AMC）合作的成果，基于King商标的大型汽车底盘改装而成。陆战队指望用这种"移动机枪平台"在滩头上开路，陆战队员则在其身后跟进。虽然在美军历史上占据着"第一"的位置，但由于直到一战快要结束时才能交付，加上美国远征军司令潘兴将军对陆战队的参战构想并不感兴趣，所以这种装甲汽车没能获得参加实战的机会。

在欧洲战场上参加过战斗的一种美国装甲汽车是怀特装甲汽车（White Armored Car），它虽然由美国制造，使用者却是法国陆军。该车配备1台4缸45马力发动机，自重6吨，车组4人，装有1门37毫米火炮和1挺机枪。怀特装甲汽车的最大公路速度可达104千米/小时，堪称所有一战装甲汽车中的速度之王。在美国参战后，其远征军也装备了一批怀特装甲汽车，结构性能略有改进。

和协约国那些花样繁多的装甲汽车相比，由德国和奥匈帝国组成的中欧同盟在这一领域的开发可以说是诚意不足、乏善可陈。

在奥匈帝国，除了前文提到过的因为惊了皇帝的座驾而功败垂成的奥地利-戴姆勒装甲汽车外，还有过几种类似的设计。一战开始后不久，奥匈军队就意识到自己对装甲汽车的轻视是多么的短视，因为它的两个敌人俄国和意大利都在使用装甲汽车。在这样的压力下，军方于1915年寻求合适的装甲汽车方案，结果有两种设计进入考察视野，其一就是整体设计相当不俗的罗姆菲尔装甲汽车（Romfell Armoured Car）。

这种车辆的设计者是两名奥地利陆军军官罗梅尼克（Romanic）上尉和费尔纳（Fellner）中尉，所谓的"罗姆菲尔"就是两人的姓氏合成而来。这种装甲汽车以95马力的梅塞德斯汽车底盘为基础，于1915年8月完成于布达佩斯。该车自重3吨，钢板厚度6毫米，最大公路速度26千米/小时。拜一具可以360度旋转的低矮炮塔所赐，罗姆菲尔装甲汽车流畅的外观甚至能给人留下优雅的感觉，炮塔内的一挺施瓦茨劳斯M07/12型机枪（Schwarzlose M07/12）的仰角很大可用于对空射击，全车的另一先进之处在于安装了由西门子&哈尔斯克公司（Siemens & Halske）提供的无线电设备。这种装甲汽车的最大的遗憾就是没能正式装备，它的产量是多少？一辆。一战期间，一些性能不错但小众化的军事产品往往可悲地被军方忽视，罗姆菲尔装甲汽车就是其中一例。

和罗姆菲尔一同竞争的还有朱诺维茨装甲车（Junovicz Armoured Car），和

▲ 美国怀特装甲汽车

▲ 奥匈罗姆菲尔装甲汽车

▲ 奥匈朱诺维茨装甲车

▲ 这辆被俄军缴获的埃尔哈特E－V/4型装甲汽车改装了37毫米火炮

前者洗练的外观相比，朱诺维茨那粗笨的外形看上去就给人一种临时拼凑的便宜货的印象。它的设计者朱诺维茨，也是一名奥地利陆军上尉，这种车辆的结果自然也不会比罗姆菲尔好到哪里去。

在上述这些努力都落空之后，奥匈军队事实上等于没有自己的装甲汽车部队。1918年和意大利对峙的战场上，奥匈陆军终于编组了一个装甲汽车中队，其全部家当就是1辆罗姆菲尔、2辆朱诺维茨，1辆缴获自意大利的兰西亚，1辆缴获自俄国的奥斯丁，仅此而已。

作为在汽车发展史上占据着重要地位的国家，德国在装甲汽车上的成就却并不比其盟国奥匈帝国强到哪里去。对于需要用装甲汽车逐渐开始替代骑兵这一事实，对自己的骑兵极度骄傲的德军缺乏足够的认识。所以在开发和使用装甲汽车这方面，德国人完全是跟在协约国的后面试图模仿其作为，而且这种跟随和模仿的动作还相当慢。一战开打几个月之后，德国陆军才意识到了装甲汽车的作用，于是开始寻求本国的同类车型，三家车辆公司布辛、戴姆勒和埃尔哈特分别受邀进行装甲汽车的开发。

布辛在1915年推出了布辛A5P型装甲汽车（Büssing A5P），和那些在战场上以打了就跑为战术令德军深受其扰的比利时装甲汽车不同，A5P体躯庞大，自重超过10吨，是一战装甲汽车中最重的大块头。其车组成员多达10人，其中6人负责操纵3挺7.92毫米机枪，有个别车辆甚至配有2门20毫米火炮。这种被德军认为"适合战术部署"的车型在1916年进入量产，想不到刚刚出厂3辆就被叫停。这3辆A5P此后被送往东线战场，并无太多明确的作战记录存世。

戴姆勒的产品和布辛近似，车体同样颇为庞大，内置8～9人车组，武装同样为3挺马克沁机枪，它并未得到德国军方的认可。

三种设计中唯一产量较多的是埃尔哈特E-V/4型装甲汽车（Ehrhardt E-V/4）。这种车型亦于1915年问世，保持着传统汽车的基本构架，具有方正的车体造型，4个车轮各据车体一角，前轮边缘向外伸展以提高在泥泞路段的行驶能力，双轮配置的后轮部分则由罩板提供保护。车体最厚处钢板为9毫米，顶部装有炮塔，侧面开有观察孔，车组9人；武装配置有多种方案可选，少则1挺，最多则装载6挺机枪。在一台80马力发动机的驱使下，埃尔哈特装甲汽车的最大公路达到61千米/小时，是德国装甲汽车中跑得最快的。

德军把埃尔哈特的几辆原型车编成一个临时装甲汽车排，先送往波罗的海地区演练，然后赴西线作实战评估。两个地方的报告都认为该装甲汽车的缺点多于优点，主要是其厚重的车体难以在复杂的地形上有效施展，更不用说执行

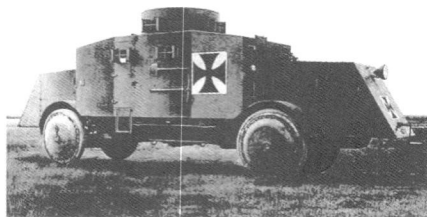
▲ 德国布辛A5P型装甲汽车

▲ 德国埃尔哈特E-V/4型装甲汽车

德军期待的各种战术任务了。后来出于东线战场的侦察需要，德军才向埃尔哈特下发了为数20辆的订单，在和俄军的交战中没有做出过什么令人难忘的表现。

德国战败后，协约国对德国军备做出了严苛的限制，包括坦克和飞机等在内的主战武器全都被列入了明令禁止生产的清单。不过装甲汽车倒是意外获得"绿灯"，这使埃尔哈特装甲汽车的生命得到延长，在一战结束后又生产了13辆，并且在德国一直使用到二战前夕。

第十一章

装甲汽车战记：车轮滚滚

　　装甲汽车在一战大舞台上的最初作战记录，由比利时军队的几辆迈纳瓦汽车和英国皇家海航参孙中队的勤务车辆写就。到了1914年10月，在参孙中队的基础上，英军正式组建了一个皇家海军装甲汽车分队（Royal Naval Armoured Car Division），由布思比（Boothby）中校负责指挥。在接下来的4个月内，装甲汽车分队发展到下辖15个中队的规模，其中10个中队共装备了150辆罗尔斯–罗伊斯等品牌的装甲汽车、卡车和救护车等保障车辆，另外5个中队则因为装甲车辆

▲ 英国皇家海航的装甲汽车部队

数量不足而暂时使用带有机枪边斗的摩托车。

1914年的马恩河会战结束后，交战双方在彼此力图包抄对方侧翼的运动中不断向北面推进，结果演出一场史称"奔向大海"的战争赛跑，最终终结了西线的运动战，转而令战局陷入长期对峙的堑壕战时期。

在这种相对静态的战场环境下，以机动为本质特征的装甲汽车的机会和作用显著降低。于是，英军转而把装甲汽车分队的力量分散派往北非、中东、西南非等外围战场，让装甲汽车在相对不太受限的地区施展所长。

第3和第4中队投入了加里波利战场，他们在那里的处境甚至比西欧更

⚠ 这辆罗尔斯-罗伊斯装甲汽车客串起了火炮牵引车的角色

⚠ 2辆罗尔斯-罗伊斯装甲汽车的车组们合影

糟——只能终日躲在深沟里以求避开土耳其军队的炮火。后来，这两个装甲汽车中队转调埃及，终于在确保苏伊士运河安全和北非沙漠的行动中重新找到了用武之地。

装备着清一色罗尔斯-罗伊斯装甲汽车的第1中队于1915年4月前往德属西南非（纳米比亚）。该部在沃尔威斯湾（Walvis Bay）登岸后立即投入行动，装甲汽车在白昼巡逻，夜间则用大灯照射目标，依靠自身的速度和火力打退德军的进攻。在第一场交锋中，5辆罗尔斯-罗伊斯装甲汽车就在完全没有本方步兵配合的情况下击退了一大波德国步兵的进犯。在之后的战事中，罗尔斯-罗伊斯除了在个别复杂路段难以通行外，总体表现稳健，为英军在这场战事中的胜利做出了贡献。当战事发展到喀麦隆境内那些难以通行的丛林地带时，这些装甲汽车便被转往东非战场。

在非洲大陆的另一端，一个英国陆军序列中的装甲汽车中队正以其兰彻斯特装甲车在英属东非活跃着，任务之一是应对北进的德军对乌干达铁道线造成的威胁。这里的地貌比西南非更加复杂，在一次极端的情况下，4辆兰彻斯特用了整个白天才在一片泥地里前进了几百米。不过，这个中队还是圆满完成了巡防铁路的任务。在埃及和利比亚，有3个罗尔斯-罗伊斯装甲汽车中队和土耳其人作战。这些装甲汽车奋战在布满砾石的地面上，同时在雨季条件下也保持着一定的活力，之后，罗尔斯-罗伊斯又被广泛地运用于巴勒斯坦和叙利亚等地。

最具戏剧性的场面出现在西非沙漠。1915年里，有一艘英国小型货轮"塔拉"号（Tara）于西非海岸失事，得以上岸的幸存者被塞努西人押往比哈基姆（Bir Hakim）。英军出动9辆罗尔斯-罗伊斯装甲汽车和3辆临时加装机枪的福特T，一举救出所有落难者，因为塞努西人一见到装甲汽车拔腿就跑，完全没有发生战斗。

1915年夏季，皇家海航装甲汽车分队持续的扩张终告结束，其时规模达到20个中队。当年9月，已经失去成立时初始意义的海航分队奉命解散，所辖各装甲汽车中队转由所在地区的陆军部队直接指挥。当然，也颇有几个中队直到一战结束时都还"捏"在海军手里。大量接收装甲汽车后的英国陆军实施了改组，在车型上尽量保留了速度和可靠性都较好的罗尔斯-罗伊斯，在编制体系上新创立了轻型装甲汽车连（Light Armoured Motor Batteries）。这些独立单位编有4～8辆装甲汽车以及保障车辆，分别在埃及、巴勒斯坦、叙利亚、美索不达米亚和波斯等地活动。

自堑壕战开始后，协约国军队在西线战场上使用装甲汽车的机会就少之又少，这一局面在一战最后一年终于得到了改观。

1918年4月23日，正在国内实施训练的英国陆军皇家坦克团第17营的营长卡特（E. J. Carter）中校接到紧急命令，为应对来势凶猛的德军春季攻势，他的营即日改编为装甲汽车营。全营编有营部和2个连（A连和B连），每连4个排，每排2辆装甲汽车。所有人员在次日集中，接收了16辆不同型号的装甲汽车，其中有一批是原本要交付俄国而被截留的奥斯丁装甲汽车。接着于4月28日装船离开朴次茅斯（Portsmouth）驶往法国布洛涅（Boulogne），从而用了不到一周时间就完成了第17装甲汽车营的改组、装备和开拔。

在法国接受了为期10天的训练，第17营先是加入第4集团军配属澳大利亚军行动，接着在6月10日上午转入法第1集团军战区。最新的命令是要求该营立即向圣贾斯特（St. Just）附近的拉维纳（Ravenel）开进，第17营克服了道路拥挤和路面湿滑的困难，连夜开进95千米，有力地配合了法军随后发起的反击。

作战开始前，第17营的军官们对法军参谋部的作业效率印象深刻，不过他们怀疑法军是否需要坦克配合，更不用说是装甲汽车了，因为他们谋划的进攻地段看起来根本不适合轮式车辆通行。好在战斗本身消除了英国人的顾虑，装甲汽车的出现出乎敌人意料之外，法军步兵也实施了很好的协同。更重要的是，此战意味着已经在西线战场消失了很长时间的装甲汽车（至少是英国装甲汽车）又回来了。

在8月8日打响的亚眠战役中，卡特被告知他的营将在城东参与进攻，但战场正面密布德军战壕。最后想到的办法是让每辆坦克拖着2辆装甲汽车前进，等到经过战壕和弹坑密布的地带后，在适合的场合解开牵引由装甲汽车自行行驶，这一战法成为此后数次交战中的样本。

英军装甲汽车在此战中得以尽展所长。几辆突入一处山谷的装甲汽车意外撞见了一个德军指挥部，许多敌人被打死，另外的敌人则惊慌失措四散逃跑。有几辆装甲汽车沿着亚眠城外的公路向北面开进，不久后就俘获了一支德军的运输马车队。稍晚些时候，几辆装甲汽车遇上了一群正在吃晚饭的德国兵，后者当然吓得四散惊逃。

此后的两个月里复制着类似的成功，1918年11月11日上午10时30分，第17

营在比利时的莫斯蒂埃（Moustier）地区前进时，得知了战争已经结束的消息。几分钟后，一名骑着摩托车的传令兵向卡特证实了这一点，这意味着这个装甲汽车营的努力终于收获了胜利果实。

在6个月里，第17装甲汽车营参加了大小10场交战，先后配合过英军、法军、美军、澳军、加拿大军、新西兰军和南非军的行动。三次出现在德军的战报中，每一辆装甲汽车都有中弹的记录，但是只有一名军官和四名士兵阵亡，数辆装甲汽车报废而已。对于这个营，争议声最大的一点是：为什么没能多编组几个这样的营？

这个装甲汽车营的另一个荣誉是英军中第一支渡过莱茵河的部队，为此，该营的军旗被保存了起来。到了1945年3月23日，当英军第4坦克团成为在二战中第一个渡过莱茵河的英国部队时，他们专门从英国运回了第17装甲汽车营的这面军旗，让它再次飘扬到了河对岸。

一战装甲汽车的另一个主要活动场合是在东线战场。在俄国的装甲汽车部队中，基本战术编制单位是分遣队和汽车连。每个分遣队装备3辆装甲汽车，若干个分遣队构成一个汽车连，汽车连的标准装备数是10辆装甲汽车。汽车连在作战序列上属于独立部队，配属到师或军一级部队作战。

最早成军的汽车连是俄国陆军第1装甲汽车连，它创立于1914年8月19日，旋即被投入西南方面战场。在当年秋冬季对奥匈军的战斗中，装甲汽车的表现颇受好评，许多戴着有色眼镜看待该车的传统陆军军官也不得不改变了看法。不过在德国人加入该战场后，该连最后基本损失殆尽。

为了在有限的装甲汽车和众多有装备需求的部队之间做出平衡，分遣队渐渐取代汽车连成为标准编制方式，这样一来，能够使更多的步兵和骑兵部队拥有装甲汽车。分遣队一般配属到师一级部队作战。

随着重型装甲汽车的出现，分遣队的编制和战术得到了进一步的完善。此时的分遣队通常装备2辆轻型装甲汽车（装备机枪）和1辆重型装甲汽车（装备火炮）；一个汽车连则相应地装备12辆轻型车和3辆重型车。与此同时，还在该分遣队所属师或军级建制里，建立了支援这些装甲汽车作战的单位，主要是运补弹药燃油的卡车以及战地抢修等保障车辆。

俄国是一战参战国中对装甲汽车寄予最大期望的国家，不仅装备型号和数量最多，战术使用也比较活跃。沙皇陆军不断想尽办法扩充自己的装甲汽车，在战争的最后一年里，几乎所有的一线步兵师都拥有了自己的装甲汽车分遣队。虽然车型繁杂，表现参差，但这些成建制的装甲汽车部队对俄国军队和后来的苏联红军的影响是极其深远的。这些俄国大地最早的机械化力量和第一批的技术兵，可以被看作是日后席卷欧陆的那支红色装甲铁流的滥觞和骨架。

在俄国装甲汽车部队序列中，有一支不太为人所知却极具传奇色彩的单位，那就是被称作"比利时支队"的志愿军。一战开始后，比利时装甲汽车在自己的国土上奋战不休，及至1914年10月中旬比军主力退往伊瑟尔河（River Yser）西岸之后，行动才算告一段落。就在这时，俄国人向比利时提出了一个建议：请比利时装甲汽车部队去俄国，继续与德国人作战。为此，沙皇尼古拉二世（Nicholas II）还亲自提笔，向比利时国王阿尔伯特一世（Albert I）也就是他的堂兄弟写了一封信，阐述了此举的重大意义。后者当即慨然允诺，决定向俄国派出一支规模为数百人的特遣部队。考虑到俄比两国毕竟不是正式的缔约盟国，因此这个支队就以志愿者的形式加入到俄国陆军当中。

比军于当年11月开始编组这支特遣部队，由科伦（Collon）少校出任指挥官，所征募的350名志愿者赶赴巴黎集中。特遣部队的主力是2个装甲汽车连，

▲ 一战初期出现在安特卫普附近的比军装甲汽车

每连有6辆装甲汽车（型号为标致和兰彻斯特）、2辆弹药车、2辆卡车、1辆救护车；另外还编有1个自行车排、2个摩托车班、1个给养班、1个补给站。比利时人做了充分的准备，甚至还延请了一位巴黎女裁缝为成员们设计了一款特别的制服：黑色夹克加长裤的战斗装。

这支志愿者部队于1915年9月22日从法国布雷斯特（Brest）登上英国轮船，于10月13日抵达俄国北境的阿尔汉格尔（Archangel），之后抵达彼得格勒以西20千米的彼得霍夫（Peterhof），在那里停留到1916年初，在此期间接受了沙皇的视察。一个插曲是，俄国的冬天令精心设计的法式服装完全没用，比利时人只得换上了当地人提供的羊皮袄和皮帽。

及至加入战斗后，比利时人发现与他们预期中向德国人复仇的计划有所偏差的是，他们进抵的是加里西亚（Galicia）战场，而对手是奥匈帝国军队。从那时起，他们适应着语言和生活习惯的差异，克服着物资和装甲汽车零部件的短缺，在异国他乡英勇奋战，并且令人敬佩地发挥着装甲汽车在面对敌军机枪阵地——对步兵来说是非常可怕的——时的破坏力。正因为此，这支部队被战壕里的俄国战友尊称为"机枪杀手支队"。在两年多的战斗中，整个支队只有16人阵亡，仅1辆装甲汽车被击毁。

1917年，俄国爆发十月革命，并在不久后与德国签订了停战条约。比利时支队看似完成了历史使命，准备奉召回国。但是由于形势的变化，原道返回已无可能，于是他们和捷克军团（Czech Legion）一样，不得不舍近求远，远赴西伯利亚以求绕道回国。1918年4月，历经艰辛的"志愿者"终于从海参崴（Vladivostok）登上一条美国商船，离开了他们战斗过的国家，经停美国后于6月24日在波尔多登岸。

除了比利时支队，在俄国参战的外国装甲汽车部队还有其他人，他们来自英国。1915年12月，英国派出一个由奥利弗·洛克尔-兰普森（Oliver Locker-Lampson）指挥的装甲汽车中队赴俄国助战，他们在途中遇到风暴，船上装运的兰彻斯特装甲汽车基本被撞得无法使用，剩下无车可用的英国人在俄国北方过冬。看到这些英国人的惨样，俄国方面建议他们还是回国为好，可是身为丘吉尔好友的洛克尔-兰普森可不打算就这么回去。

经过和国内的联络，兰普森在1916年春天得到了几辆临时由常见的福特T改成的简易版装甲汽车，车体实施了半封闭，安装了一挺配有防盾的机枪。带着

▲ 这是参与1917年伊普雷斯进攻的比军装甲汽车

▲ 1917年4月，英军装甲汽车在阿腊斯地区

这些装备，英国中队被调往高加索前线充当轻型侦察分队。还没有到目的地，就传来新近加入协约国的罗马尼亚军队崩溃的消息。于是英国中队又紧急穿越黑海，投入到多布罗加（Dobruja）地区激烈的后卫战中，这场后卫战令俄军士兵对他们刮目相看，尽管好几辆福特T都相继损失在了连绵的秋雨中。1917年，兰普森中队出现在了加里西亚，在沙皇下台之后，俄国临时政府发起了一场结局悲惨的攻势，英国中队所有能用的装甲汽车都折损在了此役中。

　　总体来看，装甲汽车的行动构成一战中的一幅奇异景象。步兵手中的武器对它无可奈何，猛烈的机枪火力具有横扫千军的气势，这就是装甲汽车这一新武器在一战部分战场和部分时段里表现出来的骄人之处。在许多战斗地段，装甲汽车的出现，的确能迅速逆转双方的态势和士气。

　　虽然看起来威风凛凛，车内的操作环境其实很恶劣。由于安装了装甲，汽车的舒适驾乘感荡然无存，车内空间狭小而闭塞，乘员还要忍受行驶时的剧烈颠簸感。在封闭的钢壳内，室温往往高达50～60摄氏度，当发动机室的散热板打开时情还可稍降温度，但当战斗中散热板必须关闭时，情况就变得更糟。到了冬天，车体内又寒冷异常。至于想在嘈杂的引擎声和烦心的机枪射击声中，让战友听到自己的讲话，则根本是不可能的。

　　以当时的标准备弹量计算，一般一辆装甲汽车可以连续战斗约一个半小时，而根据不同车型的携油量，其行驶里程则差距较大，少的在80千米，多的在250千米左右。装甲汽车在战术上的缺点也是显而易见的，糟糕的道路和气候时常限制装甲汽车的机动，轮式车辆在通过复杂路面时的先天不足使它成为一种季节性极强的武器：在雪天和秋季的泥淖中根本无法使用，仲春以后到夏天才是它活跃的时光。另外，在运动中射击精度差的问题也始终无法解决。

在那个时代，装甲汽车的确算得上是很有价值的武器，它在伴随步兵作战、跟踪追击溃敌、提供防御火力、实施深远侦察等战术行动方面都比较成功。但是，和坦克地出现在西线所造成的震撼性效果相比，装甲汽车的作用毕竟停留在较低层面。

⌃ 一列队行进在西欧小道的英军装甲汽车

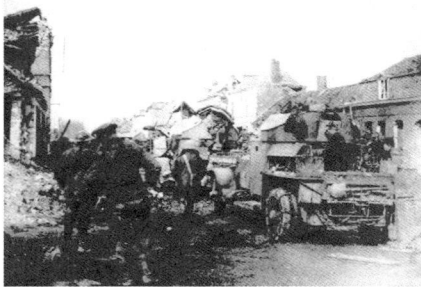

⌃ 1917年4月，英军装甲汽车在阿腊斯地区

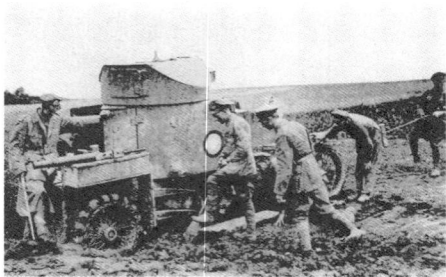

⌃ 在俄国陷入泥泞的兰彻斯特装甲汽车

⌃ 这是英国派往俄国参战的兰普森中队的装甲汽车

第四篇

坦克开发史

第十二章

英国："陆上战舰"

坦克大概要算是一战期间所出现的最令人惊奇又对战争史进程影响最巨大的新发明了，曾经以工业革命引领世界潮流的英国人得以独享了坦克发明者的尊荣。在持续多年死气沉沉的工事和堑壕之间，坦克的出现确实为枯燥的一战西线战事注入了令人兴奋的崭新内容。而从第一批以方形箱体和巨大的斜菱形侧舷为外观特征的英国坦克投入战斗开始，坦克这种将在地面战斗中逐渐占据统治级地位的新武器的漫长传奇史就此拉开了帷幕。

坦克的发明者自然是英国人，这一点毋庸置疑，不过关于究竟谁才是真正的发明人，则长久以来一直没有定论，甚至成为许多史学家互相争执的话题。坦克发明的最初源头可以一直前推到1854年，在那一年，英国工程师詹姆斯·考文打造了一种所谓的"战斗车辆"，它以蒸汽机为动力，按照一些史学家的观点，它既可以被看成是装甲汽车的发端，也可以被看作是坦克的最初灵感之源。

按照考文自己的说法，他在第一时间就把自己的蒸汽机战斗车辆呈交到了当时的英国首相帕默斯顿勋爵（Lord Palmerston）手中，希望把这样的车辆送到正在克里米亚半岛同俄军交战的英军手中。帕默斯顿勋爵是考文的旧友，据说他本人对考文的创造发明相当认可，可是首相身边的那些人却认为这只是首相的敷衍，实际上他私下里认为这种战斗车辆"粗糙不堪"。总之，英国军事委员会在论证之后驳回了用这种车辆装备英军的动议。

考文当然非常愤怒、失望，在回忆录里认为决策层铸下了近乎犯罪的重大失误。不过，考虑到帕默斯顿勋爵是在1855年2月才出任英国首相，因此考文的回忆至少是混淆了一部分的事实——也许他是被军事委员会里的那些"顽固的老家伙们"气昏了头吧。

考虑到克里米亚战场上的实际情况，军事委员会对新式装备无动于衷或许也是可以理解的。英国于1854年3月对俄国宣战，而在英军随后于克里米亚所涉及的三场大战——阿尔马（Alma）战役、巴拉克拉瓦（Balaclava）之战、因克曼（Inkerman）战役——中全部取得相当程度的胜利之后，对于能够影响战局的新武器的需求就愈发变得不那么迫切。当然，当1854年的冬天到来后，英军及协同作战的法军转入了传统样式的要塞围攻战，面对着无穷无尽的战壕和阻碍，以及不断增加的伤亡，士兵们当然开始希望拥有突破的新手段。虽然有了这样的需求，而工程师考文认为自己的创想也正是满足这种需求的有效手段，但它实际上还不是。

考文所处的时代，机械化车辆尚处于发展的萌芽期，让性能极不可靠的蒸汽机驱动装有钢板和大炮的车辆这一想法，确实是过于超前了。当然了，尽管考文的设想因为超越他所处的时代而一无所成，可是他的观念后来被证明是正确的——随着战场火力越来越猛烈，一种可以自行前进，具备装甲防护，还可以适时开火的"东西"将变得极其重要。考文的理念，需要军事观念和科学技术的进步来支撑，当然也就还需要一段很长的时间。坦克这样的装甲战斗车辆，需要兼具防护力、火力、机动力三大特性，三项缺一不可，而这三个领域的技术进步在平行的方向上各自发展着，终于到19世纪末汇聚到了一个点上。

到了19世纪90年代，主要工业强国在装甲防护领域已经取得了显著的技术进步，英国的维克斯（Vickers）和德国的克虏伯这样的产业巨头让现代意义上的"装甲"注入了新的内涵，加入了多种金属成分的合金钢成为铸造主流。那时，这样的新型钢材在军事上的主要用途是建造新式军舰，在地面上的主要用处是用于打造的工事壁垒。由于过厚过重，这似乎是一种难以有效移动的材料，不过有一种披甲机动武器已经先后在南北战争和布尔战争中亮相，那就是行驶在铁轨上的装甲列车。

与合金钢的技术进步相比，身管武器的发展更是日新月异。在19世纪和20世纪之交，样式多样又性能可靠的水冷式或空冷式机枪、口径和射速各异的火炮竞相问世和装备部队，使车载武器具有广泛的选择范围，而且有多种火炮的炮架和炮座在设计时就考虑到了便于拆卸改装的因素。

当年，考文为自己的新发明采用的是蒸汽机动力，此乃当时唯一的选择，而用蒸汽机驱动所谓的战斗车辆有很多不利因素。这种动力源需要大量消耗燃料和水，而且消耗的速度非常快，需要有专门的配套运输车辆，还得有专人伺候燃烧室；而在燃烧室附近摆弄枪炮的危险是显而易见的，车体中弹引发蒸汽泄漏对车组来说简直就是噩梦。汽车动力源决定性的变化是德国人本茨和戴姆勒在19世纪90年代推出的（汽油）内燃机，虽然这种新型方式问世之初动力有限，只能驱动小型车辆，但没过多久，内燃机就迅速成熟到了成为主流动力方案的水平。

有了内燃机这种可靠的动力源，理想中的装甲战斗车辆还需要有与之相匹配的行动装置。早在1713年，一名法国商人德哈蒙德（D`Hermand）设计了一种由山羊拉着的大车，在巴黎的市民公园里供孩童们玩耍，这个公益项目的奇特之处在于车身没有安装传统的路轮，而是在底部装上了一组相连的滚筒——这可以说是最早的履带式车辆。在这辆新奇的玩具出现后的百余年间，许多国家的工程师都在延用和拓展着德哈蒙德的创见，逐步地让履带这种包裹在一组路轮上的金属链带成为重型车辆克服不同条件路面的行动法宝，成为专属于车辆自己能够向前不断延伸的路轨。

从19世纪末到20世纪的最初10年，尽管由图纸变为现实者并不算太多，而且其中没有一种是专为军事用途而开发的，但是在英国和美国仍然出现了诸多履带式车辆的设计方案，其开发的主要目的是农用机械和道路运输。

在英国，农用履带车辆逐步起步、缓慢发展。英国陆军也注意到了这一变化，然后选择了其中一种机械进行了军用目的的测试，那就是由位于格拉瑟姆（Grantham）的霍恩斯比（Hornsby）公司制造的履带拖拉机，不过并没有给出是否合适改造成军用设备的结论。英国的农场主们并不乐意让隆隆作响的机器破坏自己宁静的田园风光，因此霍恩斯比拖拉机的开发之路极为不顺，从1904年到1912年的8年间总共只制造了6辆，其中2辆是英国陆军买去用于测试的，另外4辆的推销更是费了九牛二虎之力。

和乡下的英国绅士不同，美国农场主们对于新型农用机械具有浓厚的兴趣。在投身于此的公司当中，最成功与知名的莫过于总部位于加利福尼亚斯托克顿（Stockton）的霍尔特公司，这家公司设计制造的农用拖拉机坚实可靠，公司也以自己过硬的业务水平经受住了1910年和1912年金融危机的冲击。有趣的是，霍尔特公司起初并无自己的专利设计，其业务是以向霍恩斯比购买设计方案起步的，从旁证明这家受到冷落的英国公司的产品是过硬的。历史的演进已经证明，霍尔特拖拉机的意义远远不止造福农田开垦，事实上一战期间的多种保障车辆和作战车辆都从中获益，霍尔特拖拉机简直不啻为一战履带式军用车辆的技术先驱。

技术上的积累达到一定程度时，量变引发质变的进程便终于开始了。1911年，一名英国退役军官图洛赫（Tulloch）上尉搞起了发明创造，他的意图是为霍尔特的履带车辆披挂装甲，以抵挡住战场上敌军的机枪火力。图洛赫在草图上绘就了一种惊人的双体车，基于2辆改动结构后的霍尔特履带式拖拉机并联而成，它装有6门3英寸（76.2毫米）速射炮和12挺机枪，车组成员多达数十人，车体外面罩有钢板。虽然这可以说是一次近似坦克的理论尝试，但明显不切实际，当时有人在看过图纸后评价道，"这是典型的让不会行走者直接跑步的狂想。"

一年之后，一名澳大利亚工程师兰斯洛特·莫尔（Lancelot De Mole）来到伦敦，向英国战争部提交了他有关于装甲履带车的设想。莫尔不仅像图洛赫那样绘制了整套详尽的图纸，还制作了一件精美的缩比模型。从技术角度看，莫尔并不像图洛赫那样热衷于部署大量武器，他主要关注车辆的机动能力；以今天的角度看，莫尔的设计最引人注目之处在于它的大菱形外观，这种外形设计在1912年是相当领先的，而且几乎就是后来英国坦克外形的样子。虽然明显比图洛赫的设计要进步许多，但英国战争部还是不认为这种东西能够在未来的战事中起到什么作用。

一战爆发后不久的马恩河会战阻止了德军在法国的速胜，也令西线战事进入了漫长枯燥而又异常血腥的堑壕对峙阶段。不过在1914年9月，交战双方的大部分军事专家都认为这种对峙将是短期的，不过也有极少数人对此持有不同观点，其中之一便是英国工兵部队的恩内斯特·斯温顿（Ernest Swinton）上校。这位在英国工兵中以"作风强硬的工程专家"而著称的人物，同时被称作"军队中的作家"，在斯温顿看来，协约国军队需要制造一种能够在遍布铁丝网的战场上开辟道路、翻越壕沟并且能够随时摧毁和压制敌军机枪火力的装甲车，来一举打破西部前线的这种沉闷僵局。

　　这意味着，在所需各种技术条件的基础之外，坦克问世所欠缺的另外一个重要推动力也开始生成了，那就是来自军队或者说是战场实际的强烈需求。随着围绕着堑壕的残酷战事的继续发展，英军终于开始关注起农用机械（确切地说就是霍尔特拖拉机）在崎岖路面上的通行能力。这种关注产生了一个结果，那就是打造出了基于拖拉机的履带式火炮牵引车，从而开始展现出履带式车辆在战场上的特殊价值。

　　在欧洲战场上的英国炮兵们开始感受到履带式牵引车带来的便利的同时，"作家"斯温顿上校觉得自己的军队完全可以利用这种履带式车辆收获得更多。他奋笔疾书，向自己的好友、大英帝国国防委员会的一名高官莫里斯·汉基（Maurice Hankey）上校陈述此见。

　　通览了斯温顿的长信后，汉基上校深有同感，于是便在1914年圣诞节过后写就了一份正式的书面材料，以多份复本同时呈交到英国首相赫伯特·亨利·阿斯奎斯（Herbert Henry Asquith）、陆军大臣基钦纳爵士和海军大臣丘吉尔手中。在这份书面报告中，汉基提出要打造一种体躯庞大，具有防弹能力，由履带式行动装置驱动，车组成员藏身于装甲战斗室内，以马克沁机枪为武器，可以压倒铁丝网而直取敌军阵地的新式作战车辆。

　　大概是忙于其他事务或者无暇细看，首相和陆军大臣都没有做出什么反应，唯一对汉基充满创见的建议做出积极回应的是丘吉尔。这位一贯对能够赢得战争的新奇想法感兴趣的海军大臣在1915年1月6日致首相的信中称：以英国

恩内斯特·斯温顿上校

一战中任海军大臣的丘吉尔

的工业能力，制造40~50辆这种作战车辆并非难事。这种车辆一旦投入使用，可以在夜间突击德军战壕，以其自身重量压垮铁丝网，履带装置则可以跨越堑壕，车上的机枪火力将压制敌军火力。这种车辆将在突破敌军第一道堑壕后暂时停顿，等到步兵上来肃清周边地区后，再冲击下一道堑壕。

就这样，在斯温顿和汉基的力主下，在丘吉尔的大力支持下，坦克开始在襁褓中孕育了。1915年2月17日，英国人以霍尔特拖拉机为基础做了第一次汉基在报告中所期待的试验，这一次车身上并没有安装钢板，不过为了模拟配备了装甲和武器的重量状态而加挂了满载沙包的拖车。在雨后的试验场上，履带式车辆的表现总体令人满意，尤其是顺利克服了事先准备好的堑壕和铁丝网障碍——轮式车辆对这些东西是无能为力的。不过也有观摩者表达了不同观感，他们认为它速度太慢，在战场上暴露在敌火下的时间太长。而若要等到这种机械达到令人满意的性能程度，也许这场战争早已经结束了。幸运的是，丘吉尔对试验结果是完全持肯定态度的。据海军部的知情者后来透露，这位海军大臣在那些日子经常在海军部里来回踱步，口中碎碎念叨着：我们必须碾碎堑壕，我们必须碾碎它们，没有别的办法，我们必须这么做；我们将会碾碎它们，我确信我们能够做得到。

在这次试验结束之后，丘吉尔就开始积极地推进新型装甲作战车辆的项目。到了2月20日星期六的早晨，他为此在自己的海军大臣办公室里召集了一次小型专题会议。丘吉尔前一天晚上着了凉，半躺在办公室套间里的床上主持会议，应邀到会的人士包括陆军中主管军事运输的海瑟林顿上校、福斯特公司的总经理威廉·特里同、陆军的邓波尔（Dumble）上校，以及著名的军舰设计师坦尼森·德因科特（Tennyson D`Eyncourt），大家一致同意正式组成一个委员会来推进此事，这就是在坦克发展史上赫赫有名的"海军部陆上战舰委员会"（Admiralty Landships Committee）。考虑到海军部在这件事上的作用，用"陆上战舰"一词倒是相当贴切。

1915年2月22日星期一，陆上战舰委员会召开第一次正式会议，决定采取的第一步行动是对当时可以获得的各种履带式行动装置进行系统的对比评估。丘吉尔对此要求道："你们要以尽可能快的速度干起来。"这次会议的另一项成果是明确了履带式装甲车辆的定位，委员们达成共识，"陆上战舰"的重点是作战，而不是运兵。从这次会议起，坦克这一崭新的事业就算正式起步了。

◈ 洛克斯·埃夫林·贝尔·克罗普顿

◈ 威廉·特里同

　　受委员会之邀，已值70岁高龄的英国工程机电发明家和企业家洛克斯·埃夫林·贝尔·克罗普顿（Rookes Evelyn Bell Crompton）带领他的团队接过了"陆上战舰"的设计重任。克罗普顿受领的具体任务是设计一种"可以穿越铁丝网和堑壕，又能有效保护车组成员免受子弹所伤的东西"。在英国工业界享有盛誉的克罗普顿老当益壮，他推出的第一种设计在车体两侧各装有一个突起的鼓状炮塔，里面各置1门3英寸火炮，之后在降低车体高度的情况下又推出了两种方案。虽然在完成这些初始设计后，克罗普顿因为理念上的冲突而宣布不再为陆上战舰委员会服务，不过他的设计被认为是日后出现的第一种实用型坦克的技术基础。

　　利用美国拖拉机履带底盘制造一种兼具越野行驶与战斗功能的陆上战舰的工作当然不会因为一位设计师的离开而中止，有了克罗普顿的设计基础，加上委员会成员本来就具有的工业制造专业素养，研发工作继续进行，而且主要转移到了特里同的福斯特公司的车间中去进行。

　　到了1915年秋天，设计团队完成了两套并行的方案，根据行动装置的不同，一种被称为"蜈蚣"（Centipede），另一种被称为"1号机械"（Number 1 Machine）。"1号机械"的样车制造进度比"蜈蚣"快，它的履带装置是由福斯特公司的当家人特里同亲自设计的（或者说是改进的），其车体后部装有一对硕大的路轮以实现转向，还在履带式行动装置的侧面加装了钢板以隐蔽承重轮

◆ 测试中的"小游民"

◆ "小游民"的舱室内部

和托带轮,样车完成后"1号机械"得名"小威利"(Little Willie)。按照字面
词意来说,这个名称的意思就是"小游民",而实际上,小威利是威廉·特里
同的爱称。小威利也好,小游民也罢,总之这就是世界上的第一辆坦克,它很
快就在位于林肯(Lincoln)的伯顿公园(Burton Park)进行了越野行驶测试,表
现得相当不错。

特里同的设计团队计划为"小游民"配备1门口径为40毫米、发射2磅炮弹
的山炮,另外加装6挺机枪,如此的火力配置对于克罗普顿所设想的3英寸炮是
一种退步,不过比海军部最初要求的仅仅装备机枪则是一种进步。但是这一配

置方案没有获得认可，因为2磅炮对履带式车辆这种大家伙来说太过弱小，而且这种设计不失精巧的山炮还存在供货不足的问题，最后海军部决定在这辆接近完成的"陆上战舰"的车体两侧各配备1门口径为57毫米的6磅速射炮。

到了1915年的12月6日，与"小游民"平行开发的"蜈蚣"的样车也接近完成，当时它已经在车体结构和稳定性方面表现得比"小游民"更好，因此委员会决定把研究重心全部移到"蜈蚣"身上，而就此叫停了"小游民"项目。

1916年1月12日，"蜈蚣"在福斯特厂区内第一次隆隆开动起来，第二天便秘密驶往伯顿公园，在那里成功越过了一道堑壕及其他模拟战场实际的障碍物。从那时起，它获得了一个亲和得多也更具象征意味的名称"母亲"（Mother）。1月26日，"母亲"被运往赫特福德郡（Hertfordshire）的哈特菲德（Hatfield），接受军方的正式测试。尽管英国工兵已经在当地的温布利公园（Wembley Park）准备了一系列地貌障碍，但是委员会认为此地根本不适合进行正式的军方测试，因为这个公园"太开放了"。于是临时把测试场所改在了萨利斯伯利勋爵（Lord Salisbury）的私人庄园里，征得主人同意后，工兵们在庄园里赶建了英式和德式的战场障碍，等着"母亲"去克服。

1月29日，"母亲"第一次成功跨越了障碍，接着在2月2日进行了第二次测试，这次还迎来了许多身居高位的观摩者，包括陆军大臣基钦纳爵士在内。测试同样非常成功，可是大胡子的基钦纳爵士却在中途早早离场，称这场战争是无法靠这些"灵巧的机械玩具"来打赢的。2月8日，"母亲"再一次跨越庄园里的障碍，这次是给御驾光临的英王乔治五世（George V）做表演。展示顺利结束后，激动不已的委员会把当日情况致信报告给丘吉尔，在行文中第一次把基钦纳口中的"机械玩具"称作"坦克"（Tank），这个词在英语词汇中的意思是"水柜"。

受到各方肯定的"母亲"奠定了接下来三年里英国坦克的基本样式。其外

▲ "母亲"侧视图

观和"小游民"的方正箱体不同，呈硕大的菱形（让人想起澳大利亚人莫尔的方案），两侧宽为0.52米的履带包裹通体周边，每侧履带由90块履带板构成，这种在菱形车体上的过顶履带正是一战英国坦克的外观标志。"母亲"长9.5米，高2.5米，宽4米，驾驶舱由厚10毫米的镍钢板构成，车体正面钢板厚12毫米，车体和后部各厚8毫米，顶部和底部各厚6毫米。除了履带，还在车体后部安装了一对用于转向的路轮。一台提供动力的6缸戴姆勒水冷汽油机，被置于车体中部，它在转速达到1000转时的出力为105马力。车体前部内置有两个容量各为105升的油箱。

在车体两侧各装有1个内置6磅速射炮的炮塔，炮塔向后方开有以铰接方式连接的舱门，从炮塔向外伸出的火炮的水平射界达到90度。每侧的炮塔都被设计成可拆卸式，以便由拖车单独运送以降低整车运输坦克时的难度，每个炮塔单独重量为1778千克，在战场上安装或拆卸需要8小时。选用的火炮是最早源于1885年、后在1915年为英国皇家海军特别制造的改进版哈乞开斯57毫米速射炮，身管40倍径，最大射程6858米，炮口初速554米/秒。辅助武装为4挺哈乞开斯09/13型8毫米轻机枪。炮组共有4人，每侧的火由1名炮长和1名装填手负责，驾驶员的位置在车长右侧，在车体后部另外还有2名操作者，"母亲"的车组成员一共8人。

英王乔治五世成功视察"母亲"四天之后的2月12日，大英帝国国防委员会成立了坦克供应委员会，专事负责坦克的量产和采购列装，同一天里发出了100辆坦克的订单。量产型号就是由"母亲"略加改动而来，这就是英国和世界上的第一种正式坦克型号Mark I型。

100辆的订购数字虽然令人鼓舞，却大大超出了福斯特公司的生产能力，结果它只负责生产其中的23辆，其余的部分主要分配给了厂区规模大得多的位于伯明翰（Birmingham）的大都会工厂（Metropolitan）。坦克这种前所未见的武器是诸多军用工业技术的集大成者，其制造过程也是集各家之所长：装甲板来自维克斯、比德摩尔（Beardmores）、凯迈尔造船厂（Cammell Laird），发动机和变速箱来自英国的戴姆勒公司，6磅炮由英国海军部负责提供。

进入4月，坦克供应委员会把采购数字增加到了150辆。同时做出决定，只有75辆将按照"母亲"的武装规格完成，也就是具有2门6磅炮和4挺机枪；另外的坦克则改装一种重新设计的小型炮塔，里面只配备机枪（4挺7.7毫米维克斯水冷机枪和1挺8毫米哈乞开斯）。这个重大变化的一个主要原因是6磅速射炮供应不足，另一个原因是考虑到在面对大量敌军步兵时，纯机枪的坦克亦有其用武之地。为示区别，配备有火炮的坦克称作Mark I型"雄性"（Male），只有机枪的坦克称作Mark I型"雌性"（Female）。"雄性"自重28.4吨，每门6磅炮备弹166发，机枪共备弹6272发，其战术任务是击毁敌军火炮、突破敌军阵地、打压坚固据点等。"雌性"自重27.4吨，机枪共备弹30080发，其战术任务是伴随"雄性"行动，在战斗中击退敌军步兵进犯，追击残敌。

世界上第一种量产型坦克即Mark I型于1916年6月首度交付英国陆军，接着在当年9月第一次投入交战。在战场上，有一些英国坦克还具有奇特的战地装扮：加装了额外的木制拉丝支架，目的是用来防止从天而降的"炸弹"——手榴弹。

继Mark I型坦克之后出现的是Mark II型，这并非一种大量生产的作战型号，相比较前型来说也只有为数不多的修改，比如重新设计了顶部舱门、适度加宽履带以提高通行能力等。英军在7月下发了一批订单，计划只将其用于训练，最初出厂的20辆被运往法国进行战地训练，其后的25辆留在国内的训练营使用。之后，由于预期中的下一代主战坦克Mark IV型未能如期在1917年初下线参战，以训练为目的开发的Mark II型坦克也凑数参加了在法国战场的作战。

与Mark II型一样，Mark III型也是一种训练坦克型号，其产量为50辆，最大

◆ 博物馆里的Mark II型坦克

的意义是为之后的Mark IV型做了一定程度的技术准备。

　　真正作为Mark I型换代产品开发的，便是Mark IV型坦克，它和Mark I型一样也根据武器配置的不同而有"雄性"和"雌性"的分别。从旁观者的角度，甚至是从坦克车组成员的角度来看，Mark IV型和前型似乎并没有太多显著的改变，从某些部位来看也确实是这样，比如Mark IV型的发动机和变速箱就是直接延自前型的。不过从工程机械的其他许多细节角度，Mark IV型则存在着许多的

◉ 博物馆里的*Mark IV型坦克*

◉ 正面观察*Mark IV型坦克*

⬆ 战时英国的 *Mark IV* 型坦克工厂一景

⬆ 从这个角度看一下侧面的 *Mark IV* 型坦克

不同，其中部分的改进细节在之前的Mark II型和Mark III型上已经做了不同程度的尝试，比如说Mark IV型的自重就比Mark I型要减少了2吨。

实战表明，Mark I型的前置油箱配置在战场上相当危险，而且受到附近结构的影响，坦克的加油作业也相当费劲。为此Mark IV型把油箱位置移到了车体后部，同时容量增大至318升，使该型坦克的理论行驶里程达到了56千米（在交战状态下的实际行驶里程大约是在27千米左右）。装甲增厚，正面16毫米，其余部分8到12毫米不等。

另一处显著改动是侧面炮塔。Mark IV型"雌性"的机枪炮塔从中一分为二，中缝采取铰接固定，这样的好处是当坦克处于火车运输状态时，炮塔可以向车体内收拢，从而有效减少整车的宽度。Mark IV型"雄性"的炮塔设计得更具流线感，同样也可以向车体内收拢，和Mark I型的炮塔相比，降低了在复杂地形上炮身擦撞地面而影响坦克行进的概率。

Mark IV型"雄性"的6磅炮也有变化，改用了一种缩短了身管（23倍径）的哈乞开斯6磅速射炮，其身管比Mark I型的40倍径同口径速射炮足足短了119厘米，如此一来可以明显减少坦克行驶在建筑物和树林间发生炮身刮擦的次数，也可以在坦克行经起伏路面时减少炮口触地的情况发生。另外，虽然缩短了身管，但对实际的炮击效果的影响也并不大，新炮的最大射程为6675米，比旧款少了不到200米。缩短了的火炮的另一项好处在于炮管可以和炮塔一起收入车体内，当然这并不是说收拢炮塔的工作是轻松简单的。

完成技术升级的Mark IV型坦克在1917年2月做好了制造准备，军方希望获

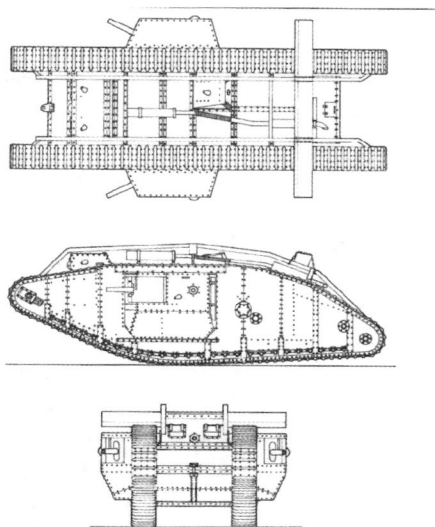

⬆ *Mark IV型"雄性"三视图*

得1015辆Mark IV型和205辆基于同一底盘改造的补给坦克，在这1015辆坦克中，要求以每3辆"雌性"搭配2辆"雄性"的比例进行生产。这样庞大的需求超越了福斯特和大都会的产能，即便这两座工厂都尽力提升产能，仍然不可能按期完成交付。经过协调，增加了四个坦克生产者，分别是阿姆斯特朗-惠特沃思、考文垂兵工厂（Coventry Ordance Works），格拉斯哥的两家工厂迈尔利斯·沃臣（Mirless Watson）和赫斯特·纳尔逊（Hurst Nelson）。就算在这些公司的联手努力下，Mark IV型的这份大单也要直到1918年5月才能完成。

设计者很清楚，发展到Mark IV型的英国坦克共同都存在一个最大的弱点，那就是并不可靠的变速、传动装置以及出力不足的戴姆勒汽油机，可是为了满足前线需要而匆忙下线的Mark IV型来不及对此做出任何改进。

不过从1917年10月开始，坦克供应委员会总算有一点时间可以考察另外几种可供选择的坦克动力装置，包括威斯丁豪斯（Westinghouse）汽油-电力混动装置和与之相似的戴姆勒混动装置，以及力图取代传统变速箱的威尔逊（Wilson）行星齿轮组变速装置。新型的混合动力系统的好处是显而易见的，但相比之前的汽油机过于复杂和昂贵；而新的行星齿轮变速装置则没有这样的缺点，它可以只由一个人操作，也不会有之前传统变速箱那种易发的故障。

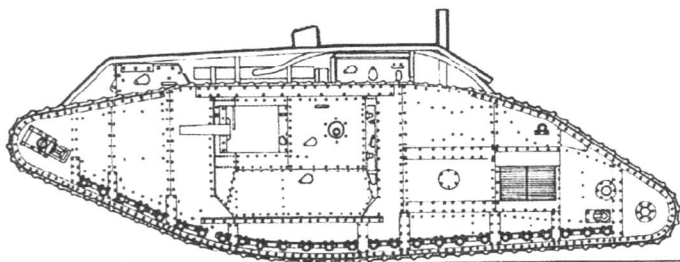

▲ *Mark IV型"雄性"三视图*

◀ *博物馆里的Mark V型坦克*

　　以Mark IV型坦克底盘和武装配备为基础，加上新型变速装置的结果就是出现了Mark V型坦克，同时配套换装了150马力的里卡多（Ricardo）汽油机。Mark V型同样分为"雄性"和"雌性"，其中配有火炮的"雄性"坦克自重29.4吨，"雌性"坦克自重28.4吨，这一型坦克的最大速度和行驶里程等数据都较前型有所提高。

　　Mark V型坦克于1917年12月在大都会工厂投入生产，次年5月开始交付部队。首批200辆参加实战后，除了表现出发动机更强和传动变速箱占用人力明显减少的优点外，还具有其他闪光点：更好的发动机冷却系统，在顶部增设的车长观察塔有效提高了观察视野等。

由于车体和Mark IV型基本一致，Mark V型坦克在面对较宽的堑壕时同样行动受制。一个较好的解决办法于1918年2月出现在战场上，当时在法国作战的英军坦克修理部门对Mark V型车体动起了"手术"，他们把坦克从中一切为二，加入一段约1.8米长的装甲段，从而增长了车体，令改进后的坦克的最大越壕宽

⌃ 展示中的Mark V型坦克

⌃ 这辆Mark V型坦克别名"魔鬼"

达到了3.96米。这款增加了4吨自重的战地改进型号被称作Mark V*型坦克。增长的车体令坦克的行驶性能和机动性有所下降，不过却因此可以搭载多达25名士兵，成了颇受欢迎的"战地履带巴士"。

从1918年5月起，大都会工厂开始制造标准化的Mark V*型坦克，到一战结束时共完成了579辆。另外还有一种Mark V**型坦克，它和Mark V*型类似，只不过车体更为加长。因为只完成了25辆的Mark V**型从没有上过战场，所以Mark V*型是一战英军投入作战的最后一种坦克型号。

当然，战时英国坦克的设计新思路还在延续着。继Mark V型之后出现的是Mark VII型，它由爱丁堡（Edinburgh）布朗兄弟（Brown Brothers）公司打造，仅有的原型车在1917年10月和11月间进行了测试，它在Mark V型的基础上适度加长了0.91米以提高越壕能力。这种型号虽然在1918年初获得了75辆的订单，但由于配套使用的发电机出现问题，到停战时仅仅完成了1辆量产型。

直到Mark VII型，英国坦克的设计都是大体延着Mark I型的最初思路，而另外一种吸取了早期设计和作战教训的Mark VIII型坦克就是完全不同的新设计了。它的车体和武器由美国提供，在法国组装，发动机和传动装置同样来自美国工厂，因此人称英美坦克（Anglo-American Tank）、自由坦克（Liberty Tank）、国际坦克（International Tank）、联军坦克（Allied Tank）。

这种坦克的外形设计是以之前的英国菱形坦克为基础加以改进，自重37.5

▲ 被称为英美坦克的Mark VIII型

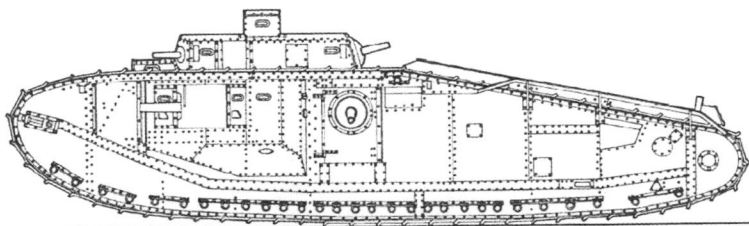

▲ Mark VIII型侧视图

吨，长10.43米比Mark V型长了2米多，宽3.76米比Mark V型略窄，高3.12米也大于Mark V型，越壕能力达到4.57米。它的装甲厚度和Mark V型相同，增大的车体尺寸使车体内部回旋余地加大，后置的发动机和变速箱由隔板和前面的战斗室整个隔开，对于坦克车组的作战环境是一种极大的改善。武器为2门6磅炮（各备弹104发）和7挺机枪（共备弹13484发）。

按照最初的设想，这种国际合作的坦克将在法国一处就制造多达1500辆，再加上英国工厂负责制造1450辆，美国工厂制造1500辆，其总数将达到4450辆之多。可惜时不我待，被寄予厚望的Mark VIII型的原型车在一战将结束时才刚刚进入测试阶段，之后整个生产计划便被叫停，留下一批已经完工的车体在法国的工厂里不知如何处理。不过美国人随后在1919年和1920年还是生产了百余辆，并且在美军中服役到30年代初，此后又转手加拿大陆军作为训练车辆使用。

一战英国坦克家族的最后成员是Mark IX型和Mark X型。前者是以Mark V型为基础开发的补给坦克，自重27.4吨，可以载运50名兵员或10吨物资，只完成3

辆原型车。后者本要成为Mark V型的换代型号，设计上着力提升了机动力和可靠性，英军原本计划装备2000辆并以之为主力攻入德国——假如战事延续到1919年的话。

上述所有这些坦克在定位上全部归属于重型坦克，它们只是一战英国坦克的一个方向，英国人另外还开发装备了一批中型坦克。从战术使用上看，重型坦克负责突破敌军正面防守，中型坦克则是在那之后用于纵深方向上的后续突击。

尚在重型坦克于战场上证明自己的价值之前，英国人就已经在探索较轻便和较具灵活性的坦克方案，特里同在1916年就设计了一种装甲轻薄的快速坦克，用来伴随骑兵作战。这一方案最初被称作"小赛犬"（Whippet），当年12月改称"特里同追击者"（Tritton Chaser）或者"2号轻型机械"（No.2 Light

⚞ 一战英国坦克的最后成员Mark X型

⚞ 以补给坦克定位开发的Mark IX型

Machine）。首辆原型车在1917年2月推出，之后顺利通过军方测试，于当年6月获得200辆的订单，被军方定名为Mark A型中型坦克，并且重新启用了"小赛犬"的名称。当这种坦克的量产于10月在福斯特工厂展开后，军方将需求增加至385辆，不过在认识到其动力装置具有"昂贵而复杂"的缺点后，又恢复到了原先的200辆。

定位为中型坦克的"小赛犬"和那些重型主战坦克的设计思路完全不同，不再呈现履带过顶的菱形外观，而是行动装置在下车体在上，车体后部则是一个突起的箱状战斗室，总体来看具有一些后来坦克样式雏形的意味。3～4名的车组成员（驾驶员和车长各1人，炮手1到2人）集中在后部的战斗室内，这个战斗室相当于一个大型炮塔，原先设计为可以旋转，后来为了简化生产工序而改

⚙ Mark A型"小赛犬"中型坦克

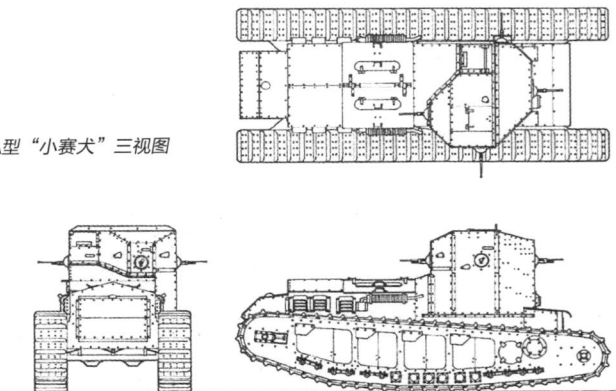

⚙ Mark A型"小赛犬"三视图

为固定式，武装为3到4挺哈乞开斯机枪（共备弹5400发）。坦克自重14.2吨，在长长的车体的前部并列安装着2台45马力泰勒（Taylor）4缸直列发动机（一种卡车的引擎），各接着一具变速箱到一侧的行动装置，最大速度13.4千米/小时，油箱容量318升，行驶里程129千米。其越壕能力为2.13米，越障能力为0.76米，均较主力的重型坦克为差，这是比较令人失望的。

"小赛犬"Mark A型的后续型号是Mark B型，和Mark X型重型坦克一样，也是为谋划中的1919年对德国的坦克大攻势而特别设计的，它同样用于伴随骑兵的突破作战，也叫"小赛犬"。

Mark B型中型坦克改用新的4缸100马力里卡多发动机，这次发动机移到了车体后部，第一次布置了独立的坦克发动机舱室，从而被认为是一战英国坦克中可靠性最高、出力最稳定的一种型号。它的车体设计不同于Mark A型，而是类似重型坦克的菱形外观，前部安排了一个突起的战斗室容纳4名车组成员，车体每侧安装了三处斜板，以清理由履带带上来的泥浆。Mark B型的行动能力较Mark A型有所提高，自重达到18.2吨，最大速度只有9.8千米/小时，可以算作是中型坦克中的重型车辆。

Mark B型也有两种子型，标准的"雌性"坦克配备4挺机枪（共备弹7500发），"雄性"坦克则装有可以旋转的战斗室，内置1门2磅炮，但是从未进入生产。Mark B型坦克在1917年下半年就完成了设计，但军方直到1918年年中才下发订单，当时确定由大都会工厂制造450辆。订单下发迟缓的一个主要原因是军队对之前Mark A在战场上有限的通过能力大为不满，由此连带怀疑到了Mark B型的能力。由于生产开始过迟，到一战结束只有45辆Mark B型出厂。从这些投入使用的Mark B型那相当有限的机动能力来看，陆军对其无法有效伴随骑兵机动的担忧并不是多余的。

在Mark B型完成设计的同时，设计Mark A型的特里同也搞出了一种自己的换代设计，这就是Mark C型坦克。别称"黄蜂"（Hornet）的Mark C型被认为是一战中最好的中型坦克。它的布局和Mark B型很相似，也是发动机后置、菱形车体、突起的战斗室前置。它同样也有两种配置方案，"雄性"坦克在车体正面装有1门6磅炮，"雌性"坦克则是4挺机枪。由于发动机采用了更新的6缸150马力里卡多汽油机，Mark C型在动力和传动装置的维护性方面都优于前型。当军方在1918年夏天对Mark C型的原型车进行测试后，立即表示高度肯定，并很快就

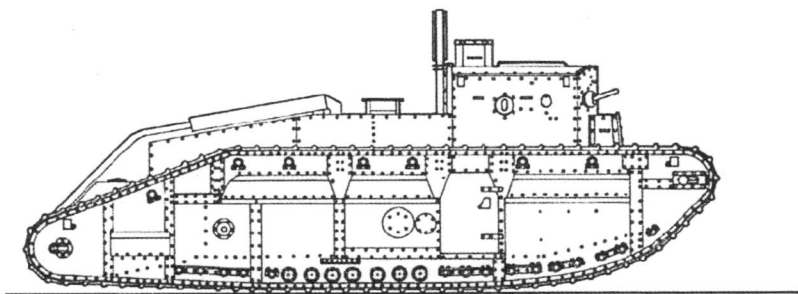

▲ *Mark C型 "黄蜂" 侧视图*

下发第一份200辆的订单，同时宣称长远目标是装备4000辆Mark C型"雌性"和2000辆"雄性"！结果，到一战结束时总共只有48辆Mark C型出厂。

整个一战英国坦克设计开发史的终点站是Mark D型中型坦克，它以Mark A型为基础，改用了新的发动机和传动装置而成。这种坦克的一大特色是追求高速度，它特别配备了240马力发动机，据称可令自重20吨的该车达到40千米/小时的惊人速度，行驶里程亦可达到300千米以上。并不令人意外的，Mark D型远远错过了参战时间，直到1919年5月才完成第一辆原型车；而到1921年该项目被取消前，也只造出了2辆预生产型。

按照英军在1918年5月发布的构想，其坦克部队将在1919年的决战中采取以下作战样式：在宽正面上集中Mark V**型和Mark X型重型坦克突破德军防线，然后以Mark C型和Mark D型中型坦克向敌后纵深快速突击，同时，由卡车运载的步兵在头顶上的飞机支援下滚滚跟进——俨然一副后来二战初期德军闪电战的模样！

第十三章

法国：战场突击者

　　基于陆上战舰委员会的先发地位和Mark I型坦克在战场上首秀时引发的耸动效应，英国坦克在大部分人心中占据着一战坦克史的绝大部分篇章（如果说不是全部篇章的话）。提起在一战期间诞生的坦克，兵器爱好者自然津津乐道于英国的"小游民"、"雌性"和"雄性"。不过，虽然英国享有坦克发展领域的数项"第一"，与之同属协约国阵营的法国人在此领域中的成就其实亦是不遑多让。

　　有一些颇令人意外的数据支撑着这一观点。比如英军在1916年2月发出的史上首份坦克订单的采购数量是100辆，而法国军方在同一月里发出了订购400辆坦克的订单；在之后的战事中，法国坦克的参战数量也比英国坦克多。事实上，法国人把他们自己创造出来的4种坦克设计方案中的3种纳入了量产，其坦克总产量比英国和德国坦克产量的总和还要多得多！

　　进入量产和投入实战的这3种法国坦克在坦克初期发展史上散发着久远的历史魅力，它们分别是从车体构造上被认为是现代坦克鼻祖的雷诺FT-17型轻型坦克，以及另外两种厚重得多的突击坦克"施奈德"CA 1（Schneider Char D`Assaut 1,CA 1）和"圣沙蒙"（Char D`Assaut Saint Chamond）。

　　回顾历史，如果不是上层人士的短视，法国人很可能早就在装甲战车领域独领风骚了。1903年，法国陆军第6炮兵营的几名军官搞出了一个新玩意：1辆载着1门75毫米野战炮和3名车组成员的移动炮车。发明者将其命名为"自行式火炮"，并立即送呈法国战争部审阅。几天后，这几位热心的炮兵军官就收到了发自巴黎的一份书面回应，上面写着："毫无疑问，一无是处。"

能够自行移动向敌人阵地发射火力的创意就这样被搁置了，在此后许多年里再也无人问津。然而，当一贯骄傲的法兰西陆军在一战中陷入了西线战场的堑壕战深渊后，法国军事专家们的看法便发生了重大变化：在步兵寸步难行的战场上，多么需要一种能够突破机枪和铁丝网的机动武器啊！

于是许多试图克服敌阵障碍的奇思妙想在1915年有如雨后春笋般相继涌现，其中有两种给看过的人留下了格外深刻的印象。一种是由电动机驱动、带遥控的小型履带车，据称它可以载着炸药包冲向敌人的铁丝网实施引爆，号称"陆上鱼雷"或"掷弹战车"。另一种则是重达30吨的庞然大物，这种昵称"军用恐龙"的装置其实就是一副巨大的金属骨架，它向前滚动碾压敌军设置的障碍物。和军用机械领域所有早期的奇思妙想一样，"陆上鱼雷"和"军用恐龙"具有足够的吸睛度，可是缺乏足够的技术支撑，两者都在军方组织的测试中以失败告终。

就在这种需要突破瓶颈的时候，一个在法国坦克发展史上真正重要的人物出现了。1915年秋天，55岁的炮兵军官让-巴蒂斯特·艾斯丁尼（Jean-Baptiste Estienne）上校偶然看到了一种由履带式农用拖拉机改成的火炮牵引车（不用说又是无所不在的美国霍尔特拖拉机），一下子就萌生了让这种"爬行动物"扮演更富于进攻性角色的念头。

作为法军第6步兵师的师属炮兵团指挥官，艾斯丁尼曾经目睹过马恩河会战和凡尔登会战中血流成河的场面，对于由自己所指挥的号称"法国小姐"的75毫米野战炮虽然先进（该炮是世界同类装备中的翘楚，在相当程度上弥补着法军中型和重型野战炮不足的事实），却每每不能及时伴随步兵行动而无法对战局施加更重大影响的事实深深抱憾。他曾不止一次对部下表示："胜利将属于首先将75毫米火炮架到可以任意机动的车辆上的国家。"在看过装有履带的火炮牵引车在复

⬆ 让-巴蒂斯特·艾斯丁尼上校

杂地段的行动后，艾斯丁尼觉得自己找到了答案。他向法军总司令霞飞将军连发3封信件，内容只有一个，那就是详细论述了研发一种"配有火炮、可在敌火控制区域通行的战斗车辆"的可行性。

在战事吃紧的情况下，这一回的法国决策者不可能再如1903年那般麻木，霞飞当即派出自己的副手雅宁（Janin）上校会晤艾斯丁尼。会面中，后者不仅讲述了新型战斗车辆技术上的可行性，甚至向雅宁谈起了自己为这种新型车辆所设计的战术：在晚间集结，于拂晓前攻击，压过战壕和铁丝网，令敌人腹背受敌。雅宁非常高兴，他管这种未来的武器叫"陆地巡洋舰"（这倒是和英国人对坦克最初的形容如出一辙），并表示自己坚信法国陆军将全力支持这一项目——前提是艾斯丁尼首先得找到愿意制造这些新型车辆的公司。

取得了总司令霞飞特批的脱离战斗岗位的假条后，艾斯丁尼前往巴黎寻找合作伙伴。他先去了最有能力做到这一点的雷诺公司，不过被这家已经在从事自己的坦克设计的公司婉言谢绝；之后，艾斯丁尼去了施奈德公司，巧的是那里正在按照授权生产霍尔特拖拉机并将把它们改成火炮牵引车，更妙的是，施奈德公司的首席工程师欧根·布里列尔（Eugene Brillie）在有关新型战斗车辆上的想法与艾斯丁尼一拍即合。两个人用了一周时间敲定了方案细节，在那之后，新武器的制造即告展开。1916年1月5日，配备了1门37毫米火炮和2挺机枪的第一辆样车在数名法国陆军军官的注视下亮相，并成功地在参观者的面前越过了几道障碍。之后，艾斯丁尼又以这辆样车为法国总统雷蒙·庞加莱（Raymond Poincaré）做了一次展示，后者表示非常满意。

同样表示非常满意的还有法军总司令霞飞，他很快就说服法国战争部以每辆5.6万法郎的价格订购400辆，同时指示艾斯丁尼将量产型的主炮换为75毫米炮——也就是法军最引以自豪的武器。在军方下发的采购合同中，这款新型作战车辆被称作"艾斯丁尼拖拉机"（Estienne Tractor），不过它很快便获得了"施奈德"CA 1坦克的大名，CA是法语"突击车辆"（Char D`Assaut）的首字母缩写，"施奈德"CA 1由是成为独具特色的突击坦克。

"艾斯丁尼拖拉机"长6.32米、宽2.05米、高2.3米、自重14.6吨。从结构上看，它基本上就是在拖拉机底盘上加装了一个金属箱，这个箱体的前部为近似船首的锥形，正面厚17毫米，侧面厚11.4毫米，顶部厚5.4毫米，后部开有对开舱门，在底板上还另有两个舱门。

箱体前方安装有一具金属切割具，据称可以有效破坏铁丝网，但整车的越壕能力却令人怀疑。由于箱体较长，导致其鼻部和尾部都悬于底盘之外，遂使得坦克在起伏不定的地形上行进时有可能被卡住。简言之，它几乎无法逾越任何一种不平坦的地势。

车体前部为战斗室，虽然在里面颇为周到的铺设了木地板，但战斗室的空间高度只有0.9米，乘员只得呈半躺姿势（原来地板是用在这里的），而且移动困难。1台70马力的汽油机位于车体后部，其功率在很多情况下并不够用，而且起动时需要坦克车组费劲地转动手柄以助力。总共可容纳160升燃油的油箱被设置在车体两侧，一般情况下整车油够用6～8小时，以7～8千米/时的正常行进速度计算，一次加满油的"施奈德"突击坦克大约能在道路条件下行进50千米左右。

"施奈德"突击坦克的主要武器为1门9.5倍径75毫米低速短身管火炮，该炮安装在车体前部右侧，俯仰角为30度至零下10摄氏度，另可向右转动60度，最大射程600米，不过有效射程一般不超过200米。辅助武器为安装在车体后部的2挺8

◆ 博物馆里的施奈德突击坦克

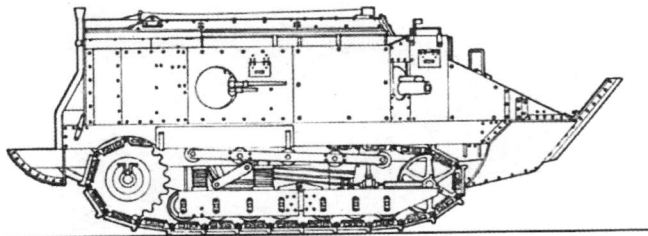

◆ 施奈德突击坦克侧视图

毫米哈乞开斯机枪，指向后侧射击。车内备炮弹90发，机枪子弹3840发。共有6人操纵坦克，其中车长兼任驾驶员，1人专门负责发动机，炮手和机枪手各2人。

虽然受到了军方的催促，"施奈德"坦克的交付却大大地落后于计划时间，霞飞原指望在1916年11月就得到所订购的全部400辆，但在第1辆于当年9月8日交付法军坦克训练单位之后，施奈德公司要直到1917年4月1日才能够完成208辆。至于订单要求的全部400辆，更是要等到1918年8月才告交齐，那时这种坦克为之而生的第一次世界大战已经只剩下最后几个月了。

延迟交货的主因倒并非施奈德公司拖拖拉拉，追究起来倒又是法军高层的问题。原来其时霞飞已做不得主，接替他就任法军总司令的尼维尔将军另有想法，他觉得相比起"艾斯丁尼拖拉机"，应该优先生产的是那种牵引火炮的半履带车才对！

除了法国将军的意见摇摆，"施奈德"突击坦克生产延误的另外一个重要原因，是它被一种同类竞争者分占了生产资源。原来，霞飞在同艾斯丁尼以及施奈德公司的愉快合作中，忽略了一个缩写为TAS的职能部门，虽然这个部门的全称"汽车技术服务部"看似平平无奇，实际上却握有向法军提供各种作战车辆的实权。

全新的突击坦克居然未经报呈本部门批准就投入了量产，这自然令TAS的负责人莫雷特（Mourret）将军大感恼火，他虽然不便于直接指摘法军总司令的决定，但是决定在自己的职权范围内另行组织开发一种更大更强的"官方"坦克

▲ 新出厂装车交运的施奈德突击坦克

以示"对抗"。

当在1916年2月2日领受设计任务的福谢（Fouche）中尉提出需要用时6周时，莫雷特回应道："我只有15天的耐心！"在此高压之下，"官方"坦克的样车"原型车A"居然在当月16日便完成了。

新车果然处处体现着"更大"的设计初衷，车长7.91米、宽2.67米、高2.36米、自重22吨，外形尺寸较"施奈德"为大，重量更是大幅增长。其底盘采用的是加长版的霍尔特拖拉机（霍尔特真是无处不在），不过即便如此，加长后的底盘长度也只有4.6米，如此一来，由它扛着的那个比"施奈德"更长更大的箱形车体便有多达3米多的部位呈"悬空"状态，前部更是伸出行动装置之外达2米。这种坦克很快就获得了一个显然不是什么好名称的别号，"长着羚腿的大象"。坦克的金属箱形车体采用了和"施奈德"相同的钢板铆接结构，钢板厚度也差不多，不过在后部舱门之外，另在两侧开有舱门以方便乘员进出。全车乘员则多达9人，其中车长、驾驶员、炮长、装填手、机械士各1人，机枪手4人。

为了体现"更强"，该车采用了L 12型75毫米长身管速射炮，其威力比"施纳德"坦克所用的短身管75毫米火炮自然要大得多。机枪的数量也多达4挺，在车体前、后、左、右各配置1挺，理论上可以向四面八方开火。虽然主炮的最大仰角只有20度，但当坦克停在斜坡上时，主炮便完全可以当成标准的野战炮来使用。后来，这门主炮又改为射程达到6900米的36倍径75毫米火炮，这款火炮乃是世界上首次采用液气式驻退–复进机的火炮，堪称颇为先进。

⌃ 正准备开赴前线的施奈德突击坦克

就技术角度而言，"官方"坦克的另一项记录是：世界上第一款装有电传动装置的坦克。这种装置配合90马力汽油机共同作用，优点是省掉了变速箱，缺点是体积偏大成本偏高。

新车型一经亮相也获得肯定，并很快就以生产厂家所在的城市而被命名为"圣沙蒙"突击坦克。大概是要和"施奈德"坦克对抗到底，"圣沙蒙"的第一份订单数量不多不少也是400辆，虽然其生产到1917年11月全部结束，不过只有250辆得以及时交付部队，剩余的交付工作直到1918年3月才告完成。

情理之中的，这种"官方"坦克的出现引发了艾斯丁尼的极大不满。当得知"圣沙蒙"突击坦克也获得了400辆订单后，他直言道："本人对于有关方面在做出这个决定之前没有同我——目前唯一充分理解坦克的技术和军事用途，并能就正确的组建坦克部队向高层提供参考的军官——进行商讨，感到极度震惊和失望。"

应该说，出发点就是要和"施奈德"坦克"别苗头"的"圣沙蒙"确实有

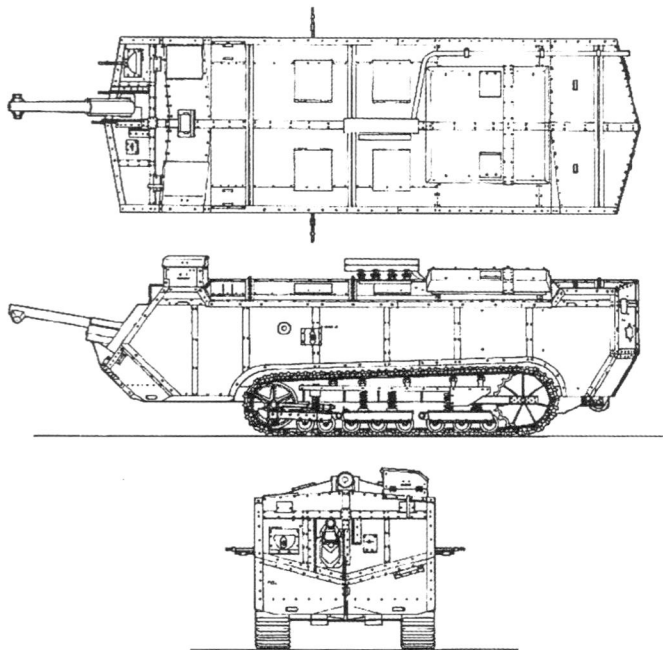

◣ 圣沙蒙突击坦克三视图

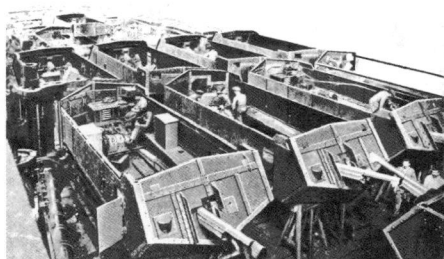
▲ 圣沙蒙突击坦克生产线景象

▲ 安装行动装置的圣沙蒙突击坦克

▲ 艺术家笔下的圣沙蒙突击坦克

一些强项，例如其越壕宽较大（2.45米），越野行驶性能较好，火力更强，内部空间更宽敞。但是，它的速度和"施奈德"差不多，最大行驶里程还不如"施奈德"，而由于装甲箱体突出底盘之外的部分较"施奈德"更长，"圣沙蒙"也就比"施奈德"更容易陆上"触礁"。

　　两种法国突击坦克的主要武器口径都要比英国同类坦克要大，而且都是置于车体中线位置向前射击，这一布局方式也更为优越。但是法国设计师也清楚地认识到，在研发突击坦克的过程中，霍尔特拖拉机出色的行驶性能并没有得到充分发挥，甚至因为所扛负的沉重箱形车体而受到了极大的制约。为了进一步提升坦克的机动性能，法国人在这种思路主导下产生的另外一种设计就是法军在一战期间最为重要的一种坦克，雷诺 FT-17型轻型坦克，顾名思义，FT的意思是"轻质量"（Faible Tonnage）。

说起来，这种远比突击坦克小且轻得多的轻型坦克的设计同样源自于艾斯丁尼，他深切地觉得"施奈德"突击坦克在战场上需要一种"轻型伴侣"的跟随。突击坦克击毁德军的铁丝网和坚固据点，而轻型坦克则支持步兵做纵深突击，巩固突击坦克的战果，彻底撕开防线缺口。和当初寻找突击坦克的制造商一样，艾斯丁尼在轻型坦克项目上所寻找的第一个设计和制造伙伴依然是雷诺，可是他们这次却以没有任何重型履带车辆制造经验为理由回绝了他。不过到了1916年，艾斯丁尼再一次找上门来，此时雷诺公司已经承建了法军大量的履带式火炮牵引车，具备了"重型履带车辆制造经验"，于是对不离不弃的艾斯丁尼提出的合作建议，雷诺公司欣然接受了。

深谙法军内部体制的艾斯丁尼再一次抛开烦琐环节，于1916年10月直陈霞飞将军，提出了自己的书面构想。将要出现的新式武器无疑是非常具有吸引力的，自重4吨的轻型坦克装有机枪或者火炮，具备可以360度旋转的炮塔，车身

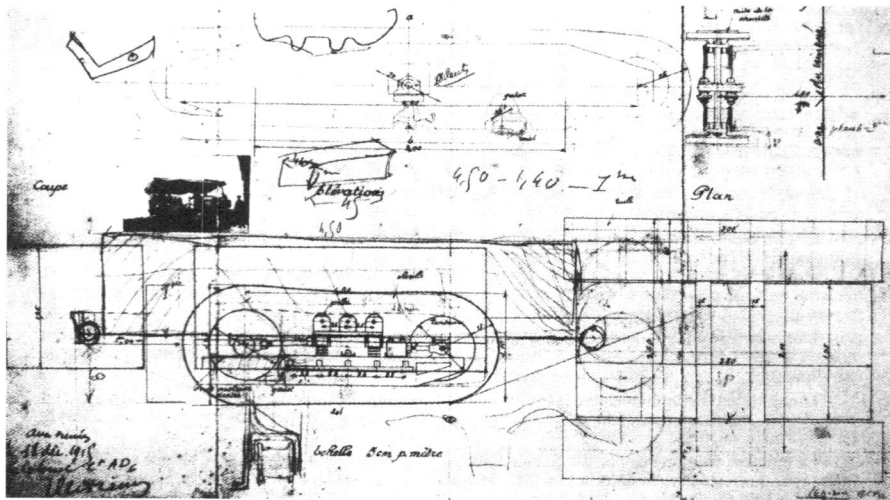

◆ 艾斯丁尼上校自己手绘的坦克设计图纸

高度不超过1.75米，车速可以开到10千米/小时左右，车身装甲足以抵挡轻武器的射击，有必要的话，还可以为这种坦克上安装无线电从而实现部队长官和部属的实时沟通。艾斯丁尼大胆畅言：设想一下，一旦有1000辆这样的轻型坦克投入战场，就将呈现出前所未有的突破局面。

雷诺方面全力以赴，于1917年2月完成了第一批FT-17轻型坦克原型车，而它们立即在测试中表现出了令人印象深刻的技术特性。2月22日，法国军方就下发了第一份订单，采购数字是150辆，这份相当保守的合同很快就发生了重大变化。在时任法国陆军总司令的亨利·菲利浦·贝当（Henri Philippe Petain）将军的强烈坚持下，军方的FT-17订购数字猛涨到了3500辆，而且要求于1918年底前全部交付。如此惊人的采购量让一向对自己的产能充满信心的雷诺公司也实在无法及时消化，于是法国的其他几家车辆制造商如贝尔维尔（Belleville）、贝利埃、德劳内（Delaunay）、索玛（Somua）等等都参与进来，投身FT-17坦克整车组装的行列中，至于这种坦克的零部件的分包商更是数不胜数，还包括一批英国公司在内。

在一种坦克项目上集中这么多生产资源是值得的，因为雷诺FT-17在构造和

▲ 博物馆里的雷诺FT-17轻型坦克

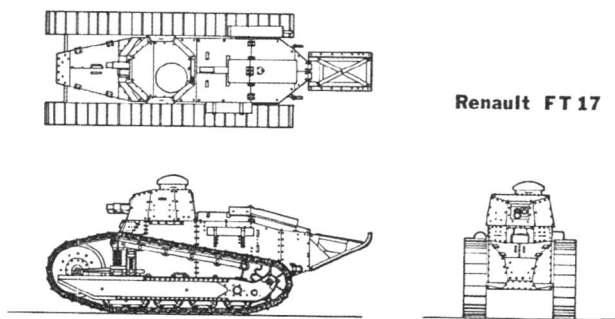

Renault FT 17

▲ 雷诺FT-17三视图

机械技术等方面都呈现出了不同寻常的特质——FT-17是一战坦克中整体格局最接近后来的主战坦克的一种，也是世界上第一种具有可旋转炮塔的坦克，照艾斯丁尼的话说就是"引人入胜"。

FT-17的车体钢板厚度从6毫米到16毫米不等，因为车身尺寸比较小，因此在尾部加装了一个特别的斜上向的部件，使其越壕能力从加装前的1.35米增加到了1.8米。从结构上看，FT-17的发动机、变速箱在车体后部，驾驶舱位于前部，驾驶员从车体前部的两扇对开舱门进出，车长和炮手通过炮塔后部的舱门进出。炮塔位于车体中部靠前的位置，可以360度旋转的炮塔占据着整辆坦克的制高点，令从此处向外观察的车长具有相当开阔的视野，这样的好处是可以有效提高坦克的火力反应速度。

最初一批出厂的FT-17只装备了1挺8毫米哈乞开斯机枪，垂直射界-20度到35度，备弹4800发，配备1台35马力雷诺汽油机。当这批轻型坦克于1917年9月完成交付后，其量产便暂被搁置，原因之一是与之配套的整体铸造型炮塔的生产进度出现了滞后，原因之二是法军内部对于其仅仅安装机枪的火力配置存在着争议。这样，到1917年结束时，法军一共只装备了83辆FT-17，而这种坦克的最初参战时间是在1918年5月末。其后，制造进度缓慢的铸造型炮塔被放弃，改而采用一种呈八边形的铆接结构炮塔，这样一来FT-17便得以从1918年年中开始大规模量产，到一战结束时共计出厂3177辆——而其时法国军方对这种坦克下达的订单已经累积高达7820辆。

应对着军队对轻型坦克火力不足的争议，雷诺平行推出了FT-17的火炮型号，它改用1门374毫米火炮，垂直射界–20度到35度，备弹包括200发高爆弹、25发穿甲弹和12发榴霰弹。法军对这种FT–17下发1830辆的采购单，虽然因为生产的原因并没有像FT–17的机枪型号那样在一战战场上有较多使用机会，不过其以火力优势而在一战结束后继续着自己的服役生涯。火炮型FT–17的使用者包括比利时、巴西、加拿大、中国、捷克斯洛伐克、芬兰、希腊、意大利、日本、荷兰、波兰、西班牙、英国、美国、苏联、南斯拉夫等国家，堪称一战期间所诞生的最广受欢迎的装甲作战车辆。

在一战结束前夕，FT–17还在美国展开了制造，美国人称之为"6吨特种车辆"。美国版的FT–17在一些细节上和法国原版存在着不同，比如在发动机舱和乘员舱之间增加了隔板，还换用了本国产的发动机等。美国同时向国内的范·多姆钢铁厂（Van Dorn Iron Works）、麦克斯韦尔汽车公司（Maxwell Motor Company）和贝斯特拖拉机厂（C.L.Best Tractor Company）下发了总数高达4440辆的生产订单。由于第一辆FT–17到1918年10月才得以完成，到一战结束时美国工厂总共只制造了64辆，其中有10辆赶得及漂洋过海运往法国，不过没有赶上任何战斗。1918年快要结束时，美国工厂已经完成了209辆FT–17，美国军方决定继续生产，将总数量达到950辆。这批坦克加上美国远征军从法国带回的213辆，便成为30年初期美军的主要地面重型装备之一。

战时还出现过另外两种型号。其一是FT–75S型，它改装1门短身管的75毫米火炮，配套改装七边形铆接炮塔，就法军对其的战术定位来看，大体相当于一种自行火炮。由于一战结束得早于法国人的预期，对这种型号所下发的970辆订单大约只完成了十分之一。其二是FT–17无线电型坦克，它加装了无线电通讯设备，在战场上的作用相当于指挥坦克，其生产延续到了战后。

到一战结束三年后的1921年，法国陆军还装备着将近3728辆FT–17轻型坦克，其中2100辆是机枪型，1246辆是37毫米火炮型，39辆是75毫米火炮型，188辆是无线电型，155辆是训练坦克。在两次世界大间之间的年月里，这种轻型坦克广泛活跃于摩洛哥、叙利亚、突尼斯等地的局部冲突中，直到1940年初夏德军入侵法国时亦曾披挂上阵，在法国战败后不幸沦为侵略者使用的警戒车辆。

第十四章

德国：会移动的堡垒

　　一战中德国的坦克开发状态，和他们在二战中的情况完全成反比，倒是和其在装甲汽车上的后知后觉、不得要领成正比。

　　第一次世界大战中，德国人对自己的传统陆军是如此骄傲，以致他们对任何新奇的机械发明都采取嗤之以鼻的态度。在坦克这项新发明上，德国大大落后于英国和法国。本来，他们是完全可以在1916年至1917年搞出像样的设计，但自开战以来就保持不变的轻蔑态度和错误判断使他们迟疑不前。直到自己的军队在战争最后一年西线战事中已经明显力不从心的时候，德国人才把他们在一战中的唯一一种坦克型号——性能相当不完善的A7V坦克匆匆投入了战场。

　　和英法两国将近8000辆的战时坦克总产辆相比，A7V只生产了区区22辆（其中投入战场为20辆），在战史仅仅留下印迹模糊的惊鸿一瞥。这种一战德国坦克最戏剧化的价值，大概就在于和英国坦克联手奉献了世界战争史上的第一场坦克对决了。不过，尽管A7V踏着一战的黄昏姗姗迟来，却同时依稀透射出下一场世界大战的曙光。以之为发端的德国装甲部队，将在20年后迸发出骇人的能量。就此而论，一战德国坦克的价值，似乎又显得颇为可观。

　　当欧洲列强在20世纪初叶向着一场规模空前的战争迈进时，作为中欧强国的德意志帝国对自己的战争机器充满了信心，其由步兵、骑兵和炮兵为主体构成的陆军是欧洲大陆上最具战斗力的地面武装，而这样的至高地位似乎并不需要什么新奇的摩托化作战车辆来锦上添花。于是乎，当一战的阴云聚拢时，德

▲ *A7V坦克的正面形象*

军仍然坚信在战场上的主要机动力量将是骑兵。在他们看来，装甲汽车不仅防护差，而且通行能力有限；至于装甲列车，只有俄国这样的国家才会狂热地迷恋它。德国陆军相信，人力——训练有素的步兵、轻锐剽悍的骑兵、重型装备的炮兵——才是左右胜利天平的决定因素。

一战爆发后，德军同时在东西两线遭遇到俄国、英国、法国甚至比利时的装甲汽车，这时他们才勉强开始在这个领域里做了一些研究，而且基本上可以说没有形成什么成果。在骨子里，德国人那种僵硬的态度依然不变，一个例证是，德国人先是把好不容易拼凑起来的装甲汽车排派到波罗的海地区，继而又配属到相对平静的战区——比如阿尔萨斯和洛林，证明他们根本不认为这些战斗车辆具有什么了不起的战斗价值。在这种情况下，当英国人的秘密武器坦克在1916年9月出现在索姆河地区时，对德国人造成的心理震慑是可想而知的。

其实，和军方的态度相反，德国的设计师们一直没有放弃过和他们的英国同行对等的努力。开战前的1914年2月，德国陆军技术通信测试委员会就收到了弗雷德里希·戈培尔（Frederich Gobel）博士的一项车辆设计——虽然那并不是一种严格意义上的履带车辆。

另一个工程师，雨果·布雷默（Hugo Bremer）比戈培尔更进一步，他在1916年10月试图为戴姆勒的一种汽车改装履带和负重轮，以使它能在泥泞道路上通行。这辆样车同样送到了军方手里，而后者的态度同样似是而非。

现在，当英国坦克首次在战场亮相并且痛击了德军步兵后，德国统帅部不得不改变态度，转而开始急切地寻求"德国的"坦克。1916年10月30日，在弗雷德里希（Friedrich）将军主持下，一次联席会议在柏林召开，专题探讨在德国工业现状基础上尽快生产出"原创"坦克的可能性。据主持者称，这也将成为雄心勃勃的、旨在实现军工业生产全面提速的"兴登堡计划"的最新部分。但是，在德国国民经济已经被战争严重拖累的现实下，德国工业家们已经不太有兴趣开发新武器了。

在军工企业的冷淡中，联席会议最终还是建立起了一个所谓的"A7V委员会"。这个后来成为坦克型号名的A7V，是德语"第7运输处"的简写。和英国的"坦克"一样，这个为了迷惑敌人的名称，后来也成了德国坦克的大名。

在把布雷默和戈培尔的设计从废纸篓里翻出来后，在摩托化车辆领域具有领先地位的戴姆勒公司终于同意加入A7V项目。和英国人一样，德国设计者也打算从获得发明专利的美国霍尔特履带式拖拉机入手——当时，这种拖拉机应该是最理想的坦克底盘了。德国人无法直接从美国进口，于是想办法从盟友奥匈帝国那里搞来了一台，由戴姆勒公司的设计师欧根·林克（Eugene Linck）负责改进其悬挂装置以适应作战机器的需要。

到了1916年12月，A7V项目的总负责人约瑟夫·沃尔默（Joseph Vollmer）博士交出了第一张设计图纸。他承认，和英国坦克相比，尽管A7V因为装有2台发动机而将享有速度优势，但预计其越壕能力可能会稍逊一筹。他接着说，如果一切顺利的话，第一辆原型车可望在1917年5月完成。这时，军方已经很性急了，在试制工作还停留在纸面的情况下，他们就发出了一份100辆的订单。然而，看起来颇为顺利的开局却将迟迟无法开花结果，其间的种种迟缓耽搁，简直不可一言道尽！

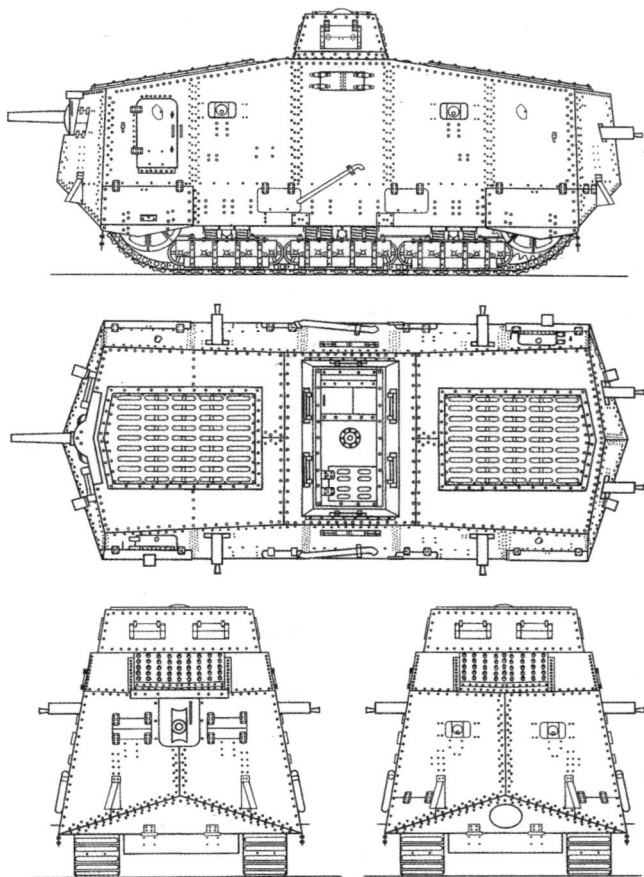

🔺 A7V坦克四视图

第一个变数来自同僚的竞争。原来，就在"第7运输处"的项目上马之际，同属普鲁士战争办公室管辖的第2处（A2）也采用同样的霍尔特拖拉机底盘，为步兵开发了一种装甲运输车。而且，第2处的动作很快，首次实车演示定于1917年3月举行。

这次展示的规格非常高，那些突然对"机械化"满怀热情的德军高层人物都亲临现场。不幸的是，在以德军总参谋长保罗·冯·兴登堡（Paul Von Hindenburg）和军需总监埃里希·鲁登道夫所率领的将军们的注视之下，这辆赶制出来的运输车的通行能力非常令人失望——即便是在最小载荷的情况下。

这个插曲戏剧性地降低了将军们对坦克的热情，鲁登道夫似乎轻易地忘记了自己曾经说过的话："运动迅速的坦克在有谷物的田野上增强着奇袭的效力。"曾经流行于德军中的"僵硬的态度"又迅速占了上风，A7V坦克的订单随之一下子从100辆变成了10辆！

第二个变化接踵而至。在看了图纸后，军方向沃尔默下达了改动要求：坦克的装甲板不仅要能防枪弹，还要能防炮弹。设计团队展开了测算，结果表明，要达成此要求，装甲板厚度以30毫米为宜。但是如此一来，坦克将重到无法行动的程度。最后，沃尔默来了个折中，只在车体前部装30毫米钢板，其他部位装15毫米钢板。这个"头重脚轻"的改动不仅延误了开发时间，而且为未来埋下了隐患：后来表明，此举直接限制了A7V的越壕能力。

第三次混乱发生在1917年4月，英国方面推出Mark II型坦克之后。在收到关于这种新式坦克越野能力的报告后，鲁登道夫下令：A7V应采用英国坦克的菱形结构。这一次，设计者几乎要崩溃了。想到应对之策的还是沃尔默，他采取"两面手法"，一方面加快A7V的项目进度，另方面开始设计一种采用了类似英国式"履带过顶"布局的A7V–U变形车。

多亏这样的"花招"，A7V的首辆样车才得以在4月底完成，而"履带过顶"型一直到1918年6月才算小有所成，而且，将始终停留在样车阶段。

1917年5月14日，A7V的首次展示在美因兹（Mainz）举行。尽管到场嘉宾的规格比第2处的那次表演低了许多，仍然有一些重量级人物到场，比如号称德军总参谋部的"智囊""兴登堡计划"和总体战的实际制订者马克斯·鲍尔（Max Bauer）。

A7V坦克仅仅得到了这位炮兵专家有保留的肯定，鲍尔担心坦克这种东西会耗费德国本就极为有限的战争资源。况且，根据总体战的构想，德军在1917年将在西线采取全面的守势，这种进攻性武器不太符合战略需要。于是，根据鲍尔的意见，A7V的量产计划被进一步压缩：先生产2辆，到年底时看情况再达到10辆。"如果A7V在实战中证明了自己的价值，订购数量将恢复至100辆"，鲍尔最后补充道。

在军方反复无常的暧昧态度下，开发团队的热情终于被耗尽了。拖拉到9月，他们才完成了若干辆A7V的底盘，而在没有加装上部车体的情况下，这些底盘在11月被送往法国北部，加入那里的第111摩托化车辆分遣队接受测试。值得注意的是，这支分遣队的徽章，居然是一个黑色的万字。

与此同时，德军高层开始讨论德国第一支坦克部队的番号问题。最后，这支部队的名称被定为"突击坦克分队""突击"在德文中的缩写是Stuka，这个名词在下一场世界大战中将以俯冲轰炸机而闻名于世。按照计划，每个突击坦克分队编有5辆坦克，其中仅1辆装有火炮，其余的坦克只装备机枪，每个分队的人员编制为5名军官和110名士兵。

这时，敌人又来刺激德国了。英国坦克在1917年11月20日的康布雷战役中取得重大突破，它们贯穿德军战线最深达9千米之多，造成德军重大恐慌。德国将军们不温不火的态度再次转变了。鲁登道夫当即决定，在德军即将于西线发动的大反攻中，坦克应当成为主导力量，"这正是我们需要的东西！"

在拖延了这么长时间后，决策者终于发出一系列正确的命令：以最快速度生产出40辆A7V；首批3支坦克部队必须在1918年2月前做好战斗准备；原定只装机枪的坦克全部改装火炮。

🔺 这是一辆被法国人缴获的A7V

🔺 行进中的A7V兼任运兵车

接到最新命令的戴姆勒工厂开始加快进度，1918年初，A7V坦克终于正式装备部队了。这种体躯庞大的战斗机器第一次亮相就给人留下了深刻的印象，重达32吨的A7V是世界上乘员最多的坦克，其标准编制是18人，最多则可以达到26人。除了车长、驾驶员、炮手、装填手各1人和2名机械师外，其余的全是机枪手。根据战斗需要，还会临时增加通信员、信鸽员和瞄准手等。

在车内，炮手和装填手的位置在车首，机枪手分布四周，车长和驾驶员的席位在车体中部发动机上方的指挥塔内。由于A7V车体较大，这么多人或坐或站，或席地而坐，倒不觉得特别拥挤。

从外表上看，A7V就像一个大铁箱或者一个堡垒，火炮从车体前部伸出的特征，使它更像二战时德军的驱逐战车。2台100马力戴姆勒4缸直列水冷汽油发动机位于车体中部，发动机通过传动轴与车体后部的变速箱相接。车体装甲板由两家公司提供：罗希林（Rochling）和克虏伯。前面已说过，A7V前部装甲厚30毫米，侧装甲15毫米，而底部为6毫米。虽然只采用了普通钢板，但整体防护力还算不错。

这个大家伙的最大速度仅为9千米/小时，越壕能力为2.2米。需要指出的是，尽管A7V的外形给人以行动迟缓之感，但它的速度在当时并不算，不仅比英国的Mark IV型要快一些，甚至比法国雷诺FT-17轻型坦克也要快。不过，显著弱于英国坦克的越壕能力是A7V的一大缺陷。

A7V的一个突出特点是火力强劲。其主要武器为1门26.3倍径的57毫米火炮，垂直射界-20度至20度，水平射界左右各40度，最大射程6400米。火炮备弹

⚙ 在非战斗状态下，A7V的指挥塔可以这样从顶部打开

⚙ A7V的外观有如移动的堡垒

100发，其中50发高爆弹、30发穿甲弹、20发开花弹。当穿甲弹以487米／秒的初速发射时，可以在2000米距离上击穿15毫米装甲，在1000米距离上击穿20毫米装甲。这意味着A7V能够击穿敌军装备的所有坦克。

需要指出的是，这门57毫米火炮居然是"英国货"。素以火炮质量骄傲的德国人为自己的第一种坦克选装英国火炮，这的确是件奇怪的事。本来，A7V选用的是贝克公司的一款20毫米火炮，但测试表明，该炮在对付钢板时效果不佳。这样，在新一轮仓促的火炮筛选中，英国的马克沁-诺登菲（Maxim-Nordfelt）速射要塞炮便偶然地进入了设计者的视线。德军在比利时和俄国战场上大量缴获了这种火炮，当德国工厂不可能在短时间内设计出一种适用的新炮时，只好选用它当作权宜之计了。

火炮之外，A7V还装有6挺马克沁7.92毫米重机枪，其中车体两侧各2挺，后部2挺，共备弹15000～18000发。可以说，这样的配置使得A7V的四周形成了密集的火网，敌方的步兵是很难近身的。

前面说过，为了应对鲁登道夫的"英国化"要求，A7V还有一种A7V-U的变型车（这也是A7V仅有的一种变形车），型号名里的U是德语Uberlandwagen的

▲ A7V-U驾驶舱居中，货舱居于前后

▲ LK II型"骑兵坦克"想象图

◀ 接受测试的A7V-U补给坦克

缩写，意思是补给坦克。换言之，就是把作战舱室改为货舱的履带式运输车。按照计划，A7V–U应该完成100辆，不过整个订单到一战结束时也没有全部完成，最终产量大约是30辆。它的一个设计特色是车体两端都是盖有防水油布的敞开式货舱，位于两个货舱中间的则是驾驶舱（内置1名驾驶员和1名助手），驾驶舱内安装有前后各1套驾驶装置，驾驶员座椅也可以360度旋转，这样运输车不用转向就可以在两个方向上开行。与这种可以两头行驶的特性相适应，A7V–U在头部和尾部各装有挂载钩。

在得以完成的30辆A7V–U当中，真正投入战场的仅有8辆左右。使用者从法国战场发回的第一份报告称其"表现理想"。可实际上，它和A7V坦克一样，存在底盘过低、越障能力很差等问题，加上它的货舱在前后两端伸出于底盘之外太长，在满载时的越野能力便进一步降低。另外，它的耗油量和轮式车辆相比大得惊人，每千米要耗费10升汽油，而普通的3吨级卡车的每千米耗油量是0.84升。正是基于这些令人无法乐观的现实，德军的履带式运输车队只是一战后期的匆匆过客。

鲁登道夫对坦克从无到有及至高涨的热情，甚至推动事情向另一个极端发展——出现了古怪的被称作K型车辆（K–Wagen）的重型坦克设计案。按照构想，这种重型坦克将重达150吨，由2台600马力发动机驱动，装备4门77毫米野战炮和7挺机枪，配备23名乘员。照鲁登道夫的要求，K型车辆将在1919年装备德军，考虑到这种陆上巨怪所面临的实际问题，打算把整车分解成四分部分由火车向前线运输。一战结束后，协约国军队找到了2辆尚未完工的K型车辆原型车，在一番研究之后将其拆毁。

对于K型车辆，鲍尔大摇其头地说它不过是"奇思异想的大怪物"。这一次，沃尔默的看法和鲍尔一致，他手里有另一种更加切合实际的设计，那就是LK I型（Leichte Kampfwagen I）轻型坦克。沃尔默认为，较大型的A7V显然不适于大规模量产，至于"大怪物"就更不用说了。他觉得，与其装备少数重型坦克，不如装备大量轻型坦克，这既符合当时德国的工业能力，也适应前线的实际需求。这一观点，和法国的埃斯丁尼将军可谓不谋而合，正是在后者的鼓励下，法国开发出了具有里程碑意义的雷诺FT–17型轻型坦克。

被沃尔默冠以"骑兵坦克"名号的LK I型第一辆原型车在1918年初完成，自重7吨，使用戴姆勒大型汽车的底盘，1台60马力汽油机前置，容纳3人的战斗室后置，车体钢板厚8毫米，装有1挺机枪。到了当年6月，沃尔默又推出了LK II型的原型车，自重8.9吨，车体后部的炮塔内置1门57毫米火炮，车组3人，最大速度可达18千米/小时。沃尔默本来计划制造500～600辆LK I型和500辆LK II型，但他的计划提交审议后却迟迟没有下文。唯一可以令这位早期德国坦克设计师安慰的是，至少在纸面上，德国轻型坦克的性能要比同类型的"小赛犬"之类要好一些。

❯ 保存在澳洲的A7V昵称"摩菲斯特"，车体正面有一个"摩菲斯特"的标志图案

❯ 这是唯一存世的A7V，保存在澳大利亚

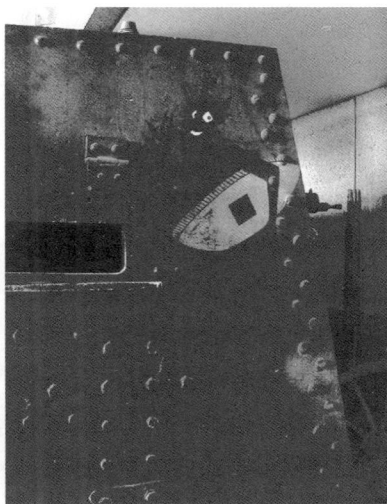

第十五章

其他国家的坦克设计：幻想曲

    英国具有开创地位并且占据重要篇幅，法国同样写就重要篇章，德国是插曲和注脚——这差不多就是一战坦克开发史的全部内容。当然除此之外，另外几个国家也曾在此领域有过从未变为现实的奇思妙想。

    在位于维也纳的奥地利军事博物馆里，陈列着一件被称作"布尔斯丁坦克"（Burstyn Tank）的奇怪作战车辆的模型，这代表了奥匈帝国在坦克这一领域昙花一现的追求。当年提出这一创想的乃是于1879年出生的奥地利陆军军官冈瑟·布尔斯丁（Günther Burstyn），据说他是在目睹美国霍尔特拖拉机（又是它！）之后大受启发，设计了一种小型履带式作战车辆，他本人称这个发明为"摩托化火炮"（Motorgeschütz）。

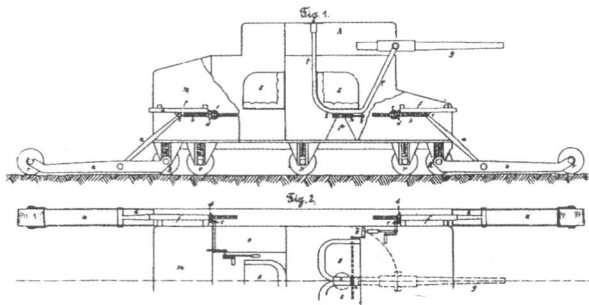

◀ 奥匈布尔斯丁坦克略图

1911年10月，布尔斯丁把自己动手制作的"摩托化火炮"缩比模型上呈战争部。按照他的说明，如果这种武器得以完成，将是长3.5米、宽1.9米、高1.9米的履带式车辆；在1台60马力发动机的推动下最大公路速度可达到29千米/小时；它安装有1门30毫米或40毫米火炮，将在战场上为步兵的进攻提供火力支援、压制敌军机枪、正面进攻敌炮兵阵地。

　　战争部对此的回应是：如果有公司愿意制造原型车，他们乐见其成。布尔斯丁并没有任何商业上的人际关系，战争部又明确表示不会提供相关经费，于是"摩托化火炮"便被束之高阁。德国方面在听说这件事后曾提出想看一看布尔斯丁的方案，但也仅仅是"看一看"而已。更加令人啼笑皆非的是，当布尔斯丁在1912年为自己的这一项目申请专利时，居然被专利局驳回，理由是这项设计侵犯了农用拖拉机的专利！

　　在俄国，产生过一种号称"沙皇坦克"（Tsar Tank）的东西。这一拥有吓人名号的作战车辆由尼古拉·利贝登科（Nikolai Lebedenko）为首的团队设计，亦称"利贝登科坦克"（Lebedenko Tank）。不过这种外观极不寻常的轮式车辆完全不能让人和坦克挂上钩，它根本没有履带，实际上只是一种超大号的三轮车。两个硕大的前轮直径近9米，各由一台250马力发动机驱动，小得多的后轮直径只有1.5米，车辆依靠它实现转向。装在两个前轮之间的平台上的炮塔距离地面足足有近8米高，除了内置武器，还计划在炮塔腹部也吊装武器。

◀ 犹如超大三轮车的
　 "沙皇坦克"

按照利贝登科的测算，这么大的前轮可以让"沙皇坦克"跨越绝大部分障碍，不过按照车体重量估计，更有可能发生的情况是后轮在松软的地面上下陷，而前轮的动力又不足以将其拉出。在1915年8月的第一次测试中，糟糕的局面果然出现了，这个新发明就陷在位于莫斯科以西60千米的测试场上，而且此后就一直陷在那里而无人问津！直到1923年，这件废物才被拖走拆解。

俄国的第一种和真正意义上的坦克并与其有所接近的设计是所谓的"全地形车辆"（Vezdekhod）。一战爆发之后，一名23岁的俄国飞机设计师亚历山大·普罗霍夫斯契柯夫（Aleksandr Porokhovschikov）受命开发一种具备优良越野性能的履带式车辆，他在1915年1月完成了自己的设计，并且通过自己的人脉获得了一笔军方的补贴资金。该车的原型车在当年5月实施了测试，据说速度很快，但此后便无下文。到了1916年10月，有人试图重启这个项目，因为经费不足而作罢。有意思的是，设计者普罗霍夫斯契诃夫在许多年后声称，他的发明才是世界上的第一种坦克。

事实上，除了英、法、德三国，真正在一战期间把本国的坦克设计开发到了样车阶段的只有意大利和美国，不过虽然这两个国家都在此领域进行了不断的探索，可是成功的程度极其有限。

和自己的敌人奥匈帝国一样，意大利对于坦克的认知相当迟缓，这是因为他们和奥匈作战的地区山峦起伏、溪流密布，并不像西线战场那样适合坦克的行动。意大利最早的一种坦克设计由路易吉·卡萨里（Luigi Cassali）上校设计，是一种配备有2个炮塔（各装1挺机枪）的履带式车辆。

◢ 意大利菲亚特2000 1917型重型坦克

◢ 意大利仿自雷诺FT-17的菲亚特3000轻型坦克

一战临近结束时，出现了由菲亚特公司打造的菲亚特2000 1917型重型坦克（Fiat 2000 Modello 1917）设计方案，它和德国A7A那种移动堡垒的设计理念颇为相似，自重40吨，安装1台240马力菲亚特A12型发动机，行驶性能相当低下，不过越壕能力和越障能力分别达到3米和1米，这倒是颇令人意外。

菲亚特坦克车长7.4米，车组成员共10人，顶部设有一座可以360度旋转的多边形炮塔，内置1门65毫米火炮，垂直射界−10度到75度（炮塔后来改为半球形，又加入了1挺14毫米机枪）。车体上还分布着7挺6.5毫米机枪，其中4挺装在箱形车体的四角上，另外在车体两侧和后部各有1挺。到一战结束时，菲亚特公司完成了2辆原型车和4辆预生产型，4辆预生产型居然在意军中一直服役到1934年。

就设计而言，菲亚特2000有其可取之处，不过对于一战期间意大利军队的战术需求却并不适合，而且就算这种庞大厚重的东西进入正式量产，对产能有限的意大利工业也一定是一大负担。对意军来说，他们更需要的是小巧灵便的雷诺FT−17，意大利原本也打算从法国直接引进生产许可权，不过后来通过对其略加改进的方式成了"国产"的菲亚特3000 1921型轻型坦克（Fiat 3000 Modello 1921），它最大改进是比法国原版要跑得快一些。不过车如其名，直到1921年才得以装备部队，那时一战已经结束好几年了。

尽管欧洲国家广泛地以美国拖拉机为基础试制各式各样的装甲战斗车辆，美国陆军自己起初对这种东西却毫无兴趣，导致美国直到1916年之后才出现第一批坦克方案，并且一出现就是好几种。

贝斯特拖拉机公司推出了CLB 75型坦克，它是由该公司生产的农用拖拉机的基础上安装钢板车体和内置2门小口径火炮的炮塔而成。霍尔特拖拉机公司推出了HA 36型坦克，是仅由1人操作的具有菱形外观的小型坦克。霍尔特另有一种G−9型坦克方案，以霍尔特10吨级牵引车为基础加装2个炮塔而成。

在所有这些方案中最引人注目的是霍尔特的"油−电坦克"（Gas-Electric Tank），这是美国第一种真正具有实用前景的坦克开发方案。其外形看上去就像是架在两侧履带上的一个大箱子，使用由1台霍尔特90马力汽油机和1台发电机所组成的油−电混合动力装置，配套驱动两侧履带的电力马达。自重25吨，长5.03米，最大速度9.6千米/小时，武装1门在车体前部下方向正前伸出的75维克斯山炮，以及安装在车体两侧炮塔内的2挺机枪。

美国在1917年4月对德国宣战，对坦克的需求突然成为一个现实考虑，在

⬆ 霍尔特公司的油–电坦克

⬆ 骨架很大的美国斯凯勒顿坦克

⬆ 福特的Mark I型坦克方案具有蘑菇状炮塔

为自己的远征军装备了购自英国和法国的坦克外，美国也开始启动本土设计制造坦克的计划。当时进入考察范围的首先就是霍尔特的油–电坦克，另外还有同样由霍尔特公司推出的没有履带装置而是装了三个轮子的"蒸汽坦克"（Steam Tank），以及先锋拖拉机公司（Pioneer Tractor Company）推出的斯凯勒顿坦克（Skeleton Tank）。

所谓的蒸汽坦克是对重型坦克的一种不切实际的追求，它在开发时参考了英国的Mark IV型坦克，自重达到50.8吨，车长10.59米，使用2台250马力2缸蒸汽机推动，仅就动力配置来说就已经不符合时代的需要。另外，其行动装置由三个轮子构成（两个硕大的前轮和一个后部转向轮），使其本质上成为一种三轮车，很难想象会获得军方的青睐。

斯凯勒顿坦克试图结合重型坦克的越壕能力和轻型坦克的养护便利，其外观就犹如它名字的含意，像是一副硕大的骨架。这种坦克的履带包裹在一个菱形框架之上，框架由钢管支撑，里面是一个小型的箱形车体，内置2台50马力汽油机，上部装有可以旋转炮塔。

进入1918年，上述三种方案各有一辆原型车接受了军方测试，结论是没有任何一种适合进入量产。这时还出现了一种福特的Mark I型坦克方案。这种坦克由福特的一款弹药输送车改进而成，配备1台60马力汽油机，自重7.6吨，车体中部有一具高耸的蘑菇状的炮塔，里面安装1门37毫米火炮和1挺7.62毫米机枪，它看上去颇为像样，可是在接受测试后便迅速被人遗忘。这差不多也就是这一时期美国人在坦克开发领域所做的最后一种尝试。

第五篇

坦克作战史

第十六章

1916年9月至1917年1月：恶魔降临

历时四年的第一次世界大战同时呈现出两个极端的面貌：一方面是交战各国以其落后的战役布置和战术思想而导致了巨大的兵员伤亡；另一方面则是军工发明家们在军事科技领域中的智慧碰撞催生了许多种前所未见的新武器，从而为显得单调沉闷的一战战场（尤其是西线）抹上了些许科技进步的亮色。"巴黎大炮"、毒气弹、飞机、潜艇的出现都让一战具备了与之前的欧洲战争存在显著差别的特色，而英国人最引以为自豪的重大发明——坦克的亮相则给地面战争带来了前所未有的冲击和影响。

一战爆发后，以往那种为将军们所熟悉的机动作战样式迅速地被刻板的堑壕对峙所取代。面对以铁丝网和重机枪为主所构成的严密防御工事，进攻一方总是在白白浪费大量生命之后而几乎一无所得，坦克便在军事首脑们对于"能够冒着枪林弹雨压倒敌方防御体系的机械手段"的孜孜以求下诞生了。

仅仅经过最初的场地试验，"坦克"这种东西就被饱受西欧堑壕战之苦的英国军方认定是"在遍布铁丝网的战场上开辟道路，翻越壕沟并且摧毁和压制敌人机枪火力"的不二选择。有了新武器，还得有会使用这种武器的人，这样它才能上战场。随着Mark I型坦克的定型和投产，英军中相关的部队编组工作也随之展开了，所幸人员倒是现成的。原来，英军在1915年里刚刚把机枪部队（MGC）单列出来，成为陆军序列中的一个独立兵种，而其下辖的单位中，有一种配备了摩托车和装甲车的单位被称作摩托化机枪分队（MMGC）。这种分队是一个新生事物，陆军高层原本指望着这些"机动机枪平台"能够在西欧战场上奋勇突破敌军阵地，岂料一经投入西线的堑壕战后便四处碰壁，只得快速退出一线而处于全无用处的状态，要将它再行解散又觉不便，于是便这般不尴不尬地存在着。

现在，当新出现的坦克需要车组成员时，摩托化机枪分队的人员便立即"废物利用"，被成建制地挪用过来，成了史上第一支坦克部队的构成者。这样一来，这个分队的指挥官约翰·布洛中校也就成了史上第一支坦克部队的指挥官。从无聊中摆脱出来的布洛立即行动起来，开始从其他各部队征募人员以补足所需，他在招募时还特别声明，"有机械操作方面经验者优先"。

到了1916年5月，这个初具规模的新单位宣告准备停当，被更名为"机枪部队重装分队"（Heavy Section），依旧隶属于机枪部队序列之下，只不过以"重装"来指代其机械车辆的特质。接下来，"重装分队"还展开了进一步的扩编，目标将是下辖6个坦克连（番号从A连到F连），每连下辖4个小队，每个小队有6辆坦克，外加1辆备用坦克。如果6个连全部编制完成，就将是一支拥有150辆坦克的令人生畏的力量。不过直到那时，无论是布洛中校，还是他手下的那些人，都还没有看到过传说中的坦克的影子呢。

这些还没有见过坦克的坦克手们很快就从原驻地出发，被运去了位于诺福克郡（Norfolk）和索福克郡（Suffolk）交界处的埃尔韦登（Elveden）——他们将在这里大开眼界。埃尔韦登建成了一个新近完成的训练场，工兵们在改建工程中付出了重大努力，使这片原本满眼苍翠的所在很快变成了一个微缩版的法国战场：战壕、沙袋、铁丝网、机枪阵地一应俱全，建设者还用炸药炸开了许多弹坑，俨然呈现出一派英德两军对峙的景象。布洛的坦克部队，就将在这里进行最初的坦克战术演练。

令"重装分队"兴奋的是，坦克终于来了。6月初，第一批新鲜出炉的Mark I型坦克运抵埃尔韦登训练场，这时那些被指定前来操纵坦克的士兵才头一次看到了所谓"坦克"的怪模样。

从整体上看，这些坦克就是外观呈菱形的大铁箱，两侧的履带从车顶上绕过车体，车体后部伸着一对显得有些累赘的转向轮。技术人员在介绍情况时表示，一体化的菱形构造犹如将整辆坦克变成了一个大车轮，从而可以碾压所有铁丝网与壕沟而一往无前。

当有需要时，坦克随时可以通过安装在车体两侧向外突出的炮座上的武器向敌人开火，不过Mark I型坦克有着两种不同的武器配置。其一是在炮塔两侧上各装有1门哈乞开斯6磅海军用速射炮，另外在炮塔靠后的位置和车体后部还装有3挺8毫米哈乞开斯机枪，这样的坦克被称作Mark I型"雄性"。

另一种配置是去掉了火炮，只在车体前后分别装了4挺7.7毫米维克斯水冷式重机枪和1挺8毫米哈乞开斯机枪，这被称作Mark I型"雌性"。很显然，那些被分配到"雌性"坦克的乘员们肯定不如分到"雄性"坦克的人高兴。

史上第一种坦克需要奇怪地分出"雌雄两性"倒不是设计者刻意为之，究其原因，仅仅是因为英军的武器库当时无法提供足够所有Mark I型坦克使用的6磅速射炮！

机枪部队重装分队的人所看到的Mark I型坦克全部保持着出厂时的朴素样貌：通体铁灰色。很快的，他们开始自行其是的为分配到手的坦克涂上迷彩，由于没有统一的指导意见，各个乘员组在选色和图案上都是各搞一套，从而使得这些涂装到了法国战场后都要被全部刷掉，并重新再涂上"规范"的色调。

经过了必要的熟悉和基础的训练，这支英国乃至全世界范围内的第一支坦克部队便在7月21日举行了第一次实兵演习，内容是以坦克开道、步兵跟进，突破"德军"的防线。这场史无前例的演练吸引了英国军政各界的高规格关注，除了多位陆军高级将领外，当时的英国军需大臣、后来将出任战时英国首相的

◎ 在加油作业中的一队Mark I型坦克

大卫·劳合–乔治（David Lloyd–George）先生以及多名内政阁僚都到场观摩并表示大开眼界。

在演习中，布洛中校投入了他的全部力量：总计25辆"雄性"或"雌性"坦克。在模拟战场硝烟的人工烟幕中，这些Mark I型坦克成功地越过了一道并不算太宽的堑壕，然后集中火力击退了一波"德国步兵"的反击。演习的高潮阶段，英国皇家陆航还派出数架双翼飞机实施空地协同进攻，令附近看台上的观礼者们情不自禁地起立并热烈鼓掌。在这种一边倒的气氛中，演习指挥部很快判定拥有坦克的进攻一方"大获全胜"。

在接受了一番慰勉和鼓励后，布洛中校的坦克便陆续离开训练场，经过先是火车继而轮船的旅程，于1916年8月中旬起陆续开赴法国。这支部队出发前，那位可以说是对坦克的发明起到了重要作用的丘吉尔先生不失时机地赠言道："乘上战神的战车吧，用这些了不起的武器去消灭那些恶棍们！"

动身去法国前夕，军方原先打算为机枪部队重装分队配备6个连的计划尚未完全落实，实际上布洛手里只有2个坦克连可用，即C连和D连；不过每个连的兵力编制倒是完全按照计划进行的，每连4个小队加上预备坦克共计25辆，其中每个小队的6辆坦克，"雄性"和"雌性"各3辆。到那时，英国工厂已经完成了60辆Mark I型坦克，其中50辆交付到了C连和D连，另外10辆充当总预备队。

平心而论，仅仅要靠这区区60辆坦克去完成这种新式武器在一战战场上的"首秀"，其成功前景多少是要打上一个问号的；按照最初的构想，至少应该等到6个连的150辆坦克到齐后再把它们投入战场。而事实上，一些英军高层人士也根本并不急于如此匆忙地"曝光"坦克，他们本打算等到各家工厂提供了足够数量的坦克后再把它们集群性地投掷出去，形成一种数量上的压倒性优势。改变的关键，在于刚刚出任英国远征军司令不久的道格拉斯·黑格爵士。

时年55岁的黑格是苏格兰爱丁堡人，他拥有显赫的军旅生涯。此人参加过1898年的尼罗河战役和1899-1902年的第二次布尔战争，于1905年成为英军中最年轻的将军，在组建一支英国远征军的工作中出力尤多，在这场大战中历任英国第1军和第1集团军司令。不久前，黑格刚刚于1915年12月10日取代饱受责难的约翰·弗伦奇爵士出任新的英国远征军总司令。想当年在第二次布尔战争中，黑格曾是当时任英军司令的弗伦奇的参谋长。

在这个苏格兰人的直接策划下，英军于1916年7月1日展开声势浩大的索姆河攻势。然而，尽管此前实施了整整一周的时间炮火准备，这一天仍然成为英军历史上最黑暗的一天。到那天日落时，进攻一方仅仅获得了微不足道的推进距离，付出的代价却是多达6万人倒下，而且其中的三分之一再也不会站起来。一直遭受炮弹供应不足困扰的英国炮兵在这一天里就耗费了170万发炮弹，但当面德军阵地上的铁丝网却大都完好无损。当然，这场战役还将继续下去，而黑格将军因此获得"索姆河屠夫"的不雅称号。

从7月到8月，随着攻击势头渐渐陷入困顿，黑格想尽办法打算在9月重振雄风。在他所给出的下一阶段攻势的安排中，一项重点内容就是要投入"到那时能够准备好的全部坦克"。

黑格对坦克的态度，是颇令人奇怪的。因为这名统帅被认为是一个"彻头彻尾的骑兵"（也就是"老古板"的代名词），他素来以对新式武器的排斥态度而著称于英军中。黑格一直对战争中出现的新武器极不"感冒"，据说他在1915年对于日渐统治了西欧堑壕的机枪的评价居然是："这是一种多余的武器"。

黑格确实是骑兵的热烈支持者，这与他的军队经历有关。他所服役的第一个单位就是英军的第7轻骑兵团，在第二次布尔战争中他直接指挥着享有盛誉的第17枪骑兵团，曾在印度长时期担任那里的骑兵指挥官，还在1907年出版过颇受好评的《骑兵研究》一书。有鉴于此，人们本以为他对于坦克这种足以威胁到骑兵地位的新发明将采取不屑一顾的立场，谁曾想他倒是率先对坦克充分重视起来了。在一经得知有这样一种东西存在后，黑格立即要求在索姆河战场上得到它们——而且是强烈要求。

此言一出，立即在英国战时内阁引发了巨大的争议。有人说，坦克乘员还完全没有做好实战的准备；有人说，手头现成可用的这些坦克都已经在训练中受到了严重的磨损，而且缺乏替换的零部件；还有人指出，只要德国人一看到坦克，就会马上生产出反制武器来，这样其突然性就不复存在了。一句话，坦克是要等到时机成熟和数量足够时，再用于更具有决定性意义的攻势的。

黑格对此不为所动，他声称，要么是现在，要么至多是几周之内，英国远征军必须装备坦克，而且他将毫不迟疑地在战场上投入这些坦克。黑格的特点在于冷酷而坚定的指挥，钢铁般的意志，以及与同僚和政客们打交道时那种决不妥协的态度。这一次，他也打算把自己的主张贯彻到底。他固执地询问坦克的产量，得到的答复是"到1917年新年来临之际能够集中500辆，而到1916年9

月结束时不会超过150辆"。对此，黑格强硬地答复战时内阁道，不管有多少辆，请赶快把坦克送来吧，我的截止时间是9月10日。

内阁答复中所谓的"150辆"已经是当时军方订购的全部数量，也就是6个坦克连的装备量，其中的60辆已经交付机枪部队重装分队。接下来到9月初，各工厂经过努力完成了50辆坦克，而各厂至此几乎已达到产能极限，因此在接下来的一段时间里，生产线上只能尽量提供一些零配件而已。而且，这新增的50辆坦克虽然也运抵了法国，但对于战事进展却并无太大意义，新生产的坦克恰好可以再装备两个连队，但鉴于人员的编组训练远非朝夕之功，这两个新的坦克连也只能暂时是"写在纸上"而已。

不管怎样，在于何时何地使用坦克这一重大问题上，"屠夫"黑格成了赢家，他将在9月中旬自己的新一轮攻势中投入这种新式武器：数量依旧是60辆，而非110辆。本来在C连和D连之外，第三个坦克连即蒂佩茨（M.Tippetts）少校的A连的25辆坦克也有望参战，不过为了等齐野战维修站的设备和人员，这个连还是错过了出发时间。

英国远征军把地处索姆河地区的伊夫伦奇（Yvrench）指定为坦克基地，当地的火车站可以把坦克运往前线的多个集结点，而且这里离黑格的司令部所在地阿布维尔（Abbeville）也不那么远，算是一个精心的选择。

最先抵达这里的是C连，该部于8月下旬在法国的勒阿弗尔（Le Havre）港口下船登岸，随后以铁路运输的方式开进至伊夫伦奇。连长艾伦·霍尔福德-沃克（Allen Holford-Walker）少校在报告情况时信心十足，他说他的人已经接受了为期8周的训练，并且随时准备上阵冲杀。在新驻地，Mark I型坦克和步兵们进行了几次协同训练，不过步兵们并不专注于演练内容，他们在更多时候只是好奇地打量着这些钢铁大家伙而已。

到了9月6日，由弗兰克·萨默斯（Frank Somers）少校带领的D连也到达此地，宣告英军当时可用的坦克部队已全部取齐。在两个连队定编的50辆坦克之外，还为它们配备了额外的2辆备用坦克。

D连的到来扩大了部队训练的规模，也使得"坦克来了"成为虽处在严密控制下却仍在前线悄悄流传的一则重大新闻，结果每天都有大量英军或法军的军官来到伊夫伦奇观看坦克的训练。而在坦克乘员们看来，这些家伙并不是来给自己打气的，而是"指望能够看到各种可笑的故障场面出现"。如此险恶的心理源自

◆ 这两名英国兵在Mark I型坦克上搭便车

步兵们已经给坦克起了一个绰号叫"羊驼"，而这显然不是什么好名字。在此期间，C连开始为自己的坦克加装车顶隔板，打算用来在战场上抵御德国人扔过来的手榴弹，这个做法被介绍到了D连，不过后者不以为然。

这两个坦克连队的开抵战场赶在了黑格声称的"9月10日截止日期"之前，这证明了他在国内和军内的权威，自然让他非常高兴。在赴伊夫伦奇看望坦克部队时，这位远征军司令对集结起来的"听众"们高调宣讲道："小伙子们，打起精神来，我可就指望着你们了！"

黑格即将发起的新攻势要和法军协同，在没有太多后备兵力的情况下，这次他打算毕其功于一役，尽全力突破到德军战线深远后方的巴帕梅（Bapaume），因此他几乎没有留出什么像样的预备队。攻击战线上的核心地段，是介于摩瓦尔（Morval）和勒萨斯（Le Sars）之间的区域，部署在这个方向上的英军第4集团军就将扮演主攻者的角色，而被黑格寄予厚望的坦克部队亦将全部投入第4集团军的战区。

最初，英国远征军参谋部为坦克部队所拟制的作战计划，是让其在一个月

◆ 初上战场的 *Mark I* 型坦克装有防手榴弹的撑架

明之夜发起夜袭。参谋们认为，一方面坦克可以借着月光突破敌人的战线，另一方面夜色的掩护又可以让坦克免受敌军炮火的攻击，更重要的是可以让敌人看不清坦克的模样而继续保持这种新式武器的神秘性。计划规定，在完成了夜间的"成功突击"后，所有坦克都将在黎明到来之前撤出战斗。

参谋部自鸣得意地将这份计划上呈总司令，并在其中指出，"于黑暗中突然遭受'不明物体'痛击的德军将会就此丧失士气。"然而，黑格只看了一眼这份计划就用笔在上面打了一个大大的叉，并且批示道，"夜间行动暴露出的是自己的胆怯，绝不可行"，"坦克的行动必须在拂晓时分展开。"

按照总司令的指示，参谋部随即拿出了新方案，坦克的出击日期即Z日定在9月15日，行动时间即H时确定为清晨6时20分。随后，对具体的坦克兵力配置做出了如下安排：

C连（缺1个小队）共17辆坦克配属第4集团军第14军作战，D连（缺1个小队）共17辆坦克配属第15军作战，D连1个小队共8辆坦克配属第3军作战，C连1个小队共7辆坦克充当第4集团军的预备队。另有10辆坦克充当远征军司令部的总预备队，不过这10辆坦克在运输途中出了些意外，它们的车况被技术人员认定为"不堪使用"。

C连和D连主力的攻击目标是摩瓦尔、勒伯夫（Les Boeufs）、高迪科特

（Gueudecout）和弗勒尔（Flers）四处村落，坦克将以2辆或3辆一队的小组编队展开行动，压制敌军火力点并突破铁丝网，然后由跟进的步兵扫荡战壕，一俟形成突破口，骑兵等后续部队就将大举继进，从而彻底粉碎德军防线。与此同时，第3军战区内那个D连的1个小队也将展开协同进攻，目标是夺取另一处小村科思莱特（Courcelette）。

从9月7日到10日，C连和D连抓紧时间向第4集团军的战区集中，它们先是由火车运至阿腊斯（Arras）以北的梅里科特（Mericourt）卸载，然后依靠自身动力前往。和自己总司令的看法不同，第4集团军司令亨利·罗林森（Henry Rawlingson）中将把使用坦克这一做法看作是"赢面不太大的一场赌博"。

9月11日，在罗林森的直接修改下，第4集团军首度下发《坦克部署指导意见》，就史上首次坦克作战的细节做出了进一步规定。所有参战坦克将在此后的三个夜间从集结地向前线的攻击出发线进发，其间还将不断出动飞机以求掩盖坦克引擎的噪声。从Z日往回推，坦克定于X/Y日的夜里进抵距攻击出发线1.5千米的位置，在Y/Z日的夜里进抵攻击出发线。

一切正常的话，进攻将在Z日6时20分展开，预计坦克将比步兵早5～10分钟到达第一批攻击目标，而炮火准备将在坦克到达前的几分钟里完成对目标地区的覆盖。攻下第一批目标后，坦克就地充当火力点以抵御敌军可能的反击，同时后方炮火将准备指向第二批攻击目标，等到新一轮炮击完成，坦克和步兵依次开进，协同进攻第二批目标。

霍尔福德-沃克少校和萨默斯少校的连队在接到这份"意见"后，便立即行动了起来。C连在X日即9月13日17时离开营地，展开依靠自身履带开进的夜间行军。出发时的天色还没有暗下来，各支向前线进发的步兵纵队正在大路上默默地走着，而坦克的出现改变了这一沉闷单调的场面。

随着Mark I型坦克缓慢而沉重地压上路面，原本排成整齐队伍的士兵们自觉地靠向道路两边，为这些大家伙们让路。尽管军官们大声吆喝着"前进，别停"，戴着煤斗型钢盔的英国年轻人们还是纷纷在路旁停了下来，他们睁大了眼睛，不时爆发出一阵阵欢呼。

步兵们的反应鼓舞了坦克乘员们的劲头，一名C连的坦克主炮手在这天的日记里自豪地写道："看起来，我们所到之处总能振奋起大家的情绪。"不过接下来，这个连队的情绪就变得低落了起来，天下起了大雨，道路也开始变小变窄。C连在这个漆黑雨夜里于一片密林的边缘上寻路前行，一路上磕磕绊绊地撞毁了不少树木、卡车和运着辎重的马车。在足足8小时里，这批坦克总共只行进了2.4千米的距离。

D连的集结地较前线稍近一些，因此该部的出发时间是X日晚上的21时。当该部的坦克上路时，飞机巡视以掩盖坦克发动机噪声的安排就完全显得多余了，因为前线的英军炮兵这时已经展开前期的炮火准备，Mark I型坦克的引擎声被完全淹没在了隆隆的炮声中。

D连的坦克每两辆编成一组依次出发，从该部所在的格林丹普（Green Dump）营地到X/Y日的预定位置也就5千米不到的距离，但是连长萨默斯少校给部属们留出的开进时间足足有9小时。事实证明他这样做一点也不过分，因为D连的坦克每小时大概只能行进800到900米远，当然，这一成绩比起C连来已经算是很不错了。

Y日即9月14日下午，尽管在途中不可避免地因为机械故障等原因而抛下了若干辆坦克，C连和D连的大部分力量还是如期集结起来，准备在接下来的这个晚上完成向攻击出发线的最后履带式行军。

傍晚将至的17时，各位坦克车长奉命集合，由连长口头传达作战命令，这时他们才第一次得知次日清晨具体的作战安排。不过车长们并没有感到过多的兴奋，他们和所有坦克乘员都已经被连日来紧张的协同训练和辛苦的行军搞得睡眠严重不足而人晕乎乎的，更别说持续不断的炮击声加剧了他们的头昏耳鸣。

每个作战人员都认真地检查了自己的个人物品，它们包括一顶皮盔、一副护目镜、一把左轮手枪、两个防毒面具、一个帆布背包、一个水壶、够吃两天的食物配给。装运到坦克里的物品中，最重要的自然是武器弹药。前面说过，"雄性"和"雌性"的火力配备不同，"雄性"坦克主要携带的是334发6磅炮弹和10000发机枪子弹，这些炮弹被塞放在舱内各处；"雌性"的标准配备是24320发机枪子弹，它们分装在76个弹箱里，每箱装有320发。

在初登战场时，"雌性"坦克还同时兼具着运输车的任务，不少"雌性"的车舱内塞着备用的润滑油筒和机油罐，至少1挺备用机枪和4具备用机枪管，33000发备用机枪子弹，有个别"雌性"还带有装信鸽的笼子以便实施战场通讯联络。据说，有几辆C连的"雌性"坦克甚至运得更多，和机油、润滑油、机枪子弹杂处一室的，还有16个大面包、30听肉类食品罐头以及塞满了芝士、茶叶、糖和牛奶的食物袋等等。

在总攻即将到来之前的这个夜晚，英军的炮击益形剧烈，这让同前线已经近在咫尺的坦克乘员们完全无法获得任何睡眠时间；不过这已经无关紧要，因为坦克们很快就要行动起来，驶向攻击出发线了。

待命进攻的各路人马在这个晚上都堵在了一起，所有人都想在9月15日清晨准时抵达自己的位置，坦克、步兵、骑兵、辎重马车、医疗队无不如此。工兵们尽量配合着坦克的开进，他们的任务是用白色的带子为每辆坦克标示出出发点和最初的路径。不过他们的仓促工作远谈不上完善，为坦克指定的道路也并非经过精挑细选，有的路段非常松软，有的路段中间还躺着好几发没有引爆的迫击炮弹，随时有可能造成杀伤！

9月15日，即Z日5时许，天色还是昏黑一片，而远处的地平线已是微透曙色。这时，C连和D连的坦克大多已开进到攻击出发线一带，其间的各自情形则难以尽描。有的坦克遇上了发动机故障，有的坦克乘员打开舱盖呕吐不止，有的坦克还赶不及和指定跟随自己作战的步兵会合，而那些步兵们就已经为步枪上了刺刀准备跃出他们的战壕了。

另外，德国人也已经起了炮火反准备，砸落的炮弹至少让好几辆坦克趴了窝，D连的D3号坦克的车长海德（H.G.Head）中尉就遇上了这种倒霉事，他写道："快到6时了，我们终于赶到了阵地边上。可就在那时，非常不幸的是，我的坦克被打中了，于是之前的所有努力和原本要建功立业的这一天就这样彻底Over了。"

战斗打响了。不过坦克并不是在6时20分这一指定时间投入厮杀，它们在战争舞台上的首秀甚至提前了。大约在5时20分，D连的第一辆坦克D1就自顾自地冲向了德军阵地，不知出于什么考虑，车长摩蒂·摩尔（Morti.More）中尉觉得他再也无法等下去了，而且他深信一经自己冲锋，身边的另外两辆坦克也一定会跟上来的。

不过他想错了，离他最近的D连的另外2辆坦克在原地纹丝不动，它们和其他坦克一样，在攻击出发线上等待着H时的到来。

总攻的时刻到来了！但这时，只有部分坦克能够发动引擎向前进击，因为又有一部分坦克或者被敌人的炮弹破片击伤，或者陷在阵地上的某处泥沼里而难以自拔。

不过，两个连队毕竟组织起了略具规模的坦克，仍向弗勒尔和科思莱特等地发起了进攻。坦克乘员们在这天的战斗中付出了很多，步兵们往往对他们投去羡慕的目光，但实际上，他们的工作一点也不值得羡慕。

每辆Mark I型坦克共配有8名乘员，他们在战斗时不仅要戴上皮质头盔，还要配备护目镜以及一种由金属片打造的锁链式脸罩（以防卡弹、开炮的火花及弹出的弹壳对自己造成伤害)，这些东西加重着头部的负担，而且影响呼吸。

就位置而言，车长和驾驶员各一人纵列并坐于坦克前部，有需要时车长也会直接驾驶坦克。总体而言，操作Mark I型坦克是件极为费力的差事，车体的转弯得依靠控制左右两边履带的差速来实现，这考验着驾驶员双手的臂力。在坦克后部，2名轮机员分别操作左右并列的两具变速传动箱，以配合驾驶员或车长的指令。剩下的4名乘员是武器组，包括炮手、装填手和机枪手，装填手和轮机员同时也都要兼任机枪手。

坦克上阵时，首先需要有4个人通力合作来启动Mark I型坦克的引擎，而在开始进发后，坦克舱内的温度会逐渐升高到摄氏50度，或者更高。坦克的火炮或机枪一经击发，便会产生呛人的硝烟，这些硝烟和已经充斥于舱内的来自引擎的一氧化碳废气、汽油和机油味糅杂在一起，弥散在高温之中，构成了非常恶劣的作业环境。因此，时常有坦克乘员在战斗进程中突然在舱内不省人事这并不令人奇怪。

除了糟糕的空气，舱内巨大的噪声还令人无法沟通，不同岗位的坦克乘员之间并无任何隔间区分，人员、发动机和武器等机械都处于同一个空间内，加上引擎没有配备减震减音等装置，其机械混响简直吵震天。在需要沟通交流时，坦克乘员得先用扳手或其他什么东西来敲打舱内的某个部位来引起同伴的注意，然后再靠打手势作比划来表达意思，即使是位置最近的乘员之间也只得如此。这一情况在后来部分坦克配备了通话器后也没有得到太大改观。

在"雄性"坦克里，炮手和装填手无法立直或坐下，只得猫着腰伺候着自己的武器，这已经够辛苦了；而当炮口需要做有限的俯仰时，炮手就得把自己的身体重量压到炮尾上来做到这一点。装填手也同样辛苦，每次炮击之后，他就得打开炮座底部的一个舱口，从那里把6磅炮弹的弹壳扔出去。

说到6磅炮的射击，坦克在行进过程中根本不可能用它去打中什么目标，而在静止状态下，炮手佩戴的那具粗陋的目镜又让他几乎看不清外界的情况，所以总的来说"雄性"的6磅炮虽然威力尚可，但却基本处于"盲射"状态。相比之下，"雌性"坦克中的机枪手的射击精度要较高一些。

不难看出，乘员们在坦克里经历着可怕的考验。在全封闭的坦克舱内，通向外界的"窗户"就是车长的潜望镜和狭窄的双层玻璃观察孔。平时，乘员可以从这里窥探外部世界，可是在9月15日的战场上，这些玻璃在德军机枪的密集扫射下不可避免地纷纷碎裂，让许多坦克在布满烟尘的阵地上犹如睁眼瞎一般。

虽然德军的机枪和步枪子弹并不足以伤害坦克，但是密集的子弹撞击同样会使坦克的钢板变形，甚至使钢板的内层崩裂成碎片并在舱内四处飞溅，带着一股油漆燃烧的味道来给乘员们造成伤害。C2号坦克的车长就在战斗后报告说，"机枪子弹至少有一次穿透了车体，并造成多名乘员伤亡。"而即便这种猛烈的撞击没有造成什么实质伤害，它也能给坦克乘员的心理施加巨大压力，曾经有人目击，"一辆坦克带着浑身的弹痕回来了，里面的小伙子们都快要发疯了"。当然，总的来说，只要坦克里的人想到自己不用身处坦克之外的那个更加凶险的世界中，就应该谢天谢地了吧。

首战之日，投入作战的坦克普遍遭遇了苦战，当然，不少坦克抵御住了小型武器的射击，成功地突破了德军的铁丝网和战壕，帮助本方步兵打开了一些局面。

在摩瓦尔和弗勒尔一线的战斗中，D连的D17号"雄性"坦克成了这一天的明星。在车长斯图亚特·海斯蒂（Stuart Heystee）中尉的指挥下，D17和本连另外两辆坦克一道冲锋陷阵，在弗勒尔方向上配合第41步兵师作战。在6时20分刚出发不久，同行的那两辆坦克便相继陷入一处较宽的堑壕而无法前行，只剩下D17独自前行，它冒着炮火不断向前突击了2千米之远。在它的带动下，第122旅和第124旅的步兵们鼓起勇气不断向前，一直杀到弗勒尔村外沿的铁丝网阵中。

在那里，又是D17一马当先压开一条通道并率先杀入村中，同时带动300余名步兵冲进弗勒尔。德军大部败走，留下若干狙击手在村中的房舍内伺机击杀，而D17用自己的6磅炮把藏有狙击手的房屋轰了一个遍。不过就在全村快要被英军肃清时，D17的一侧履带被一发炮弹的破片打断，同时发动机亦因为过热而失灵，车长海斯蒂只得弃车，接着从容带领7名部下徒步返回了本方阵地。

在这片战场上，C连也有所收获，C5号坦克的车长阿诺德（A.E.Arnold）中尉后来描绘自己在这一天的战斗："有一个步兵军官送来一张纸条，他问道，敌人

▲ 德军的战壕被坦克夺下

▲ 英国坦克冲锋

开始反击了，你们能做点什么吗？我的坦克立即出发，穿过坑洼的地面，杀奔前方。很快，我们就看到不远处出现了敌人的步兵，他们在开阔地上列队行进，目空一切。我下令用车体左侧的维克斯机枪在800米距离上开火，因为之前机枪手报告说右侧那挺连按了两次扳机都没有反应。但这已经够了，那种机枪射击的成效简直无法用语言描述，总之，我的坦克成功地瓦解了德国人的推进。"

在新西兰团进攻的科思莱特方向上，配合参战的坦克较少，加之又有机械故障，使得D9和D14号坦克成为在那里出力最多的两辆坦克。它们的突击一度令局面对进攻方有利，但当德军增强了炮击后，局面就改变了。

由维克·胡法姆（Wick Huffam）少尉指挥的D9号坦克一路上打倒了不少德国人，也吸引了最多火力，它最后停了下来，因为潜望镜和棱镜被炸碎，飞溅的玻璃渣弄瞎了驾驶员阿契（Archer）的双眼。德国人的炮弹继续纷飞而来，有一发打穿了车体左侧，造成那里的两名乘员当场身亡。接着又有一发命中车体，给舱内造成了剧烈的震荡，车长胡法姆等人全部昏迷。最后，连他在内一共活下来4个人。至于同行的D14号坦克，也很快就被卷进炮弹爆炸的漩涡中而毁坏，里面的8个人全都死了。

由坦克参与的第一场战斗因其史无前例的特殊性质而被单独称作弗勒尔–科思莱特之战，这场局部交战是坦克登上战争舞台的"第一次"，不过其所属的这场大攻势却是协约军在1916年里试图突破索姆河德军战线所有努力中的最后一次。

如果把视角从坦克参战的局部地域放大到整片战场，就会发现黑格从9月15日这一天发起的索姆河攻势的新阶段几乎没有什么收获。协约军在突破最多的地方也只不过推进了6.5千米，而在长达50千米的整条战线上，英法军队处处流血，坦克手们看到的是一幕幕可怖的战场景象。

在两个坦克连最初部署的49辆（不含总预备队的10辆）坦克中，有32辆于Z日清晨开抵攻击出发线，但最终得以参加战斗的只有18辆而已。而在这18辆坦克之中，有一半按照计划冲在了步兵之前，它们要么给敌人造成了杀伤，要么突破了某处阵地；另外9辆则在推进过程中遇上了各种各样的麻烦，有的发生机械故障，有的陷入困难地形动弹不得，总之它们未能如期配合步兵展开突击，不过也至少在原地充当了火力点。

许多坦克乘员此前从来没有上过战场，这是他们生平头一遭被置于炮火纷飞的杀戮之地，对一些人来说，与其说他们是在奋力杀敌，倒不如说是在奋力维持自己的坦克能够正常行驶罢了。

坦克这种新奇玩意儿在弗勒尔–科思莱特完成了在世界战争史上的首次亮相，它们未能如将军们所期待的那样以雷霆万钧之力戏剧化地扭转战局，但至少给初次看到它们的敌人造成了噩梦般的感受。

在不止一个地段，目睹坦克开进的德国人都在第一时间放弃了自己的

▲ 战场上的Mark I型坦克

◁ *Mark I*型坦克正向集结地开进

阵地，不顾一切地望风而逃，把德军素来引以为傲的纪律性抛在脑后。这种情形，甚至被德国人自己的公开出版物刊登出来。有一篇记录1916年9月索姆河战场上奇景的德国战地通讯，最初刊登在德国的《杜塞尔多夫纪事报》（Dusseldorfer Generalanzeiger）上，后来还"漂洋过海"被英国的《泰晤士报》（The Times）转载。这篇文章所记录的，就是堑壕里的德国士兵在看到"坦克"第一次出现在世界战争舞台上的反应：

"当德军的前哨侦察兵在9月15日的晨雾中爬出他们的哨位，伸长着脖子张望着英军的方向时，他们的血液突然间仿佛凝固了。两个巨大的怪物正压过弹坑、带着刺耳的噪声朝他们行进而来。侦察兵们吓得好像四周发生了地震一般，他们使劲擦拭着自己的眼睛，简直不敢相信眼前看到的这一幕……这些怪物迟缓、蹒跚、摇摆、晃动，但却是不可阻挡地前进着。战壕里的士兵们喊道，'快跑吧，魔鬼来了！'这句话很快就在整条前线里传开了。"

这篇德国文章以极其生动的笔调展现了英国坦克对本方士兵心理上的强烈冲击，从敌人的角度为后世留下了坦克初登战场时的直接记录。不过，这种反映本方士气低落得近乎瓦解状况的文字，居然得以通过了战时新闻审查而刊载在公开出版物上，确实也令人觉得有些奇怪。

至于英国国内，坦克的首度登场自然是激起了全民热烈的兴奋情绪。最初引发这种兴奋的事物，就是那辆在弗勒尔奋勇冲杀的"雄性"坦克D17。原来，

◆ 对德国人来说，英国坦克的出现简直是"魔鬼来了"

◀ 记录德军在英国坦克冲击下投降
场面的画作

在这辆坦克突入弗勒尔村时，恰好有1架皇家陆航的双翼侦察机飞过它的头顶，目睹本方坦克冲入敌阵的这一幕后，侦察机上的后座观察员立即掏出纸和笔，用潦草的字迹写下了一段战时新闻，并且在飞返英军战线时把它投了下去。上面写着，"我们的坦克带着一大群欢呼的战士们涌入了弗勒尔。"

热烈的情绪迅速蔓延开来，先是在士兵们中间，继而通过战地记者们的争相报道传递到了大后方。英国国内的各大报纸纷纷在头版显著位置刊发大字标题，比如"1辆英国坦克出现在了弗勒尔的大街上，欢呼的英国士兵紧随其后""战车冲向战壕 英国了不起的新武器'陆地巡洋舰'""新发明统治战场 我们的轮子上的堡垒让汉斯们像兔子一般逃窜"，又比如"汉斯哀号这是不公平的屠杀"，以及"英王陛下的陆上海军出现了"等等。

不过美中不足的是，所有的报道都只有干巴巴的文字，因为没有任何一家报纸能够在第一时间获得"轮子上的堡垒"和"陆上海军"的照片。面对着如雪片般飞来要求一睹坦克风采的全国读者们，各家报社的美工们只得开动脑筋，以装甲汽车和美制霍尔特（Holt）拖拉机等东西为原型发挥想象，以各种稀奇古怪的拼接图片来试图满足读者的感观需求。

最终在这场坦克图片竞赛中胜出的是《每日镜报》（Daily Mirror），这份报纸在11月22日的整个头版上刊发出了一幅Mark I型"雄性"坦克在前线的照片，配发的大标题是："安静，安静，一辆坦克正行进在西线战场上。"

这一期报纸造成了"洛阳纸贵"的轰动效应，同时令同行们嫉妒得眼睛发绿。得意的《每日镜报》老板始终拒绝透露这张照片的新闻来源，只是对外声称，他为了得到这幅首次发表在英国报纸上的坦克照片足足支付了5000英镑，要知道，这几乎已经是一辆Mark I型坦克的造价了！

那位强烈要求在第一时间就使用坦克的人，也就是英国远征军司令黑格爵士也在Z日战斗结束的当晚对坦克部队表示了"他本人的热烈祝贺"。他指出，尽管索姆河战场上的坦克没有达成全部预期，但是毕竟有许多战士因为坦克的存在而活了下来。

但仅仅一天之后，他就大幅提升了自己的论调，公开宣称，"这是我们继马恩河会战之后所取得的最大成功。抓了大批俘虏，实现了大纵深推进，只有极少数的伤亡，这一切都得归功于坦克。"他还说，"坦克出现的地方，我们就能达成目标；坦克不出现，我们就达不成。"

▲ 全景展现坦克出现在西线战场的油画

FIRST PICTURES OF THE TANKS IN ACTION

The Daily Mirror

CERTIFIED CIRCULATION LARGER THAN THAT OF ANY OTHER DAILY PICTURE PAPER

"HUSH, HUSH"—A TANK GOES "GALUMPHANT" INTO
ACTION ON THE WESTERN FRONT.

▲ 首度刊发坦克照片的《每日镜报》

　　黑格随后短暂回国，参加了于1916年9月19日到20日在伦敦举行的一次专题会议，这次会议商讨的核心议题就是坦克生产的提速。已经是"坦克万能论"鼓吹者的黑格一发言就说，已经下发的坦克订单至少得翻上5倍才行。在他的带动下，与会者最后提出了组建5个坦克旅的建议，按每个旅装备216辆坦克计算，至少需要1000辆坦克。

　　到了1916年11月23日，黑格又参加了一次坦克生产论证会。这次，他用书面备忘录的形式表达了自己对于坦克的极度渴望，备忘录上列明了他的四点意见：一、坦克越多越好；二、在明年5月之前能够送到法国战场的坦克越多越好；三、在条件允许的情况下应不断谋求提高坦克的综合性能；四、就新型坦克设计方案而言，不论哪一种方案都很好，因为这都要好过"没有坦克"。

　　在将军们发出呼吁的同时，英国国内的厂家也在提高着产能，这样到了11月，现有坦克部队的编制扩张就成为可能。到那时为止，英军的坦克部队已经由9月的2个参战连队扩展到了8个连队，而在11月末，全部8个连都被扩展成了营，同时保留了A到H的序号，即原来的A连成了A营、B连成了B营等（英军还将陆续组建另外的坦克营，其序号在1918年初将由英文字母改为阿拉伯数字）。

　　也是在这个11月，各坦克营所属的"机枪部队重装分队"变更名称为"机枪部队重装分部"（Heavy Branch），从"分队"到"分部"的一个单词之差，突显出了坦克地位的提升。在这一变化后，同时决定以每两个坦克营编成一个坦克旅，这样当时的全部坦克实力将被编成4个坦克旅。

这一轮编组工作于1917年1月展开，为了展现最早参战的C营和D营（原C连和D连）的特殊地位，它们编成的旅获得了第1坦克旅的番号；旅长由贝克–卡尔（Beck–Carl）中校出任，此人是英国陆军的一名机枪专家。当年2月，第2坦克旅编成，下辖A营和B营，另外两个旅此后也相继成军。

每个坦克营下辖3个连，至于连队的规模各有不同，有的营的连队编有3个小队，每个小队编有4辆坦克；而有的营则是每连下辖4个小队，每个小队只有3辆坦克。不管是3辆还是4辆，都较之前每个小队有6辆坦克的编制有了"缩水"。连队的番号采用阿拉伯数字，从头到尾依次顺推，因此A营下辖第1、2、3连，B营下辖第4、5、6连，等等。小队番号和坦克车号同样采用数字，每个营的小队番号从1到9或从1到12，坦克也是如此；其从数字就可以看出身份归属，比如A1号坦克就是A营第1连第1小队的第1辆车。另外，每辆坦克还带有通常是四位数的生产编号。每个坦克营的家当除了上述的36辆作战坦克和若干辆备用坦克外，还有12辆摩托车、9辆自行车和几匹战马。

这时，在经历了普通民众的热烈追捧和黑格等人的感性评价后，英军对于Mark I型坦克也已经有了较为清醒客观的认识。一般认为，这种坦克具备一定的突破能力和火力压制能力，是一种"以机械力推进的具备在乡间地带行进能力的装甲炮台"。它的推进速度很慢，在平地上每分钟可以前进100～110米，在布有沟堑的地面上每分钟只能前进30～35米，而夜间行进的速度更是下降到每分钟15米左右，坦克加满一次油后的行动距离要控制在20千米以内。

它能够克服当时已知的所有的铁丝网障碍，越壕能力最宽是3米，越障能力是最高1.5米，不适合在湿地、林地、布有溪流的地区、大雨后的泥泞道路等地段使用。其装甲可以抵御普通子弹、榴霰弹和大部分高爆弹的破片，不过有情况证明这只是"理论上的"。坦克乘员的持续战斗时间不宜超过8小时，最多为10～12小时。

⬢ 艺术家笔下略带夸张的Mark I型坦克

⬢ 表现Mark I型坦克夺下敌军阵地的画作

⬢ 一战中的坦克以这种方式实现沟通

⬢ 几名英国军官和坦克合影

⬢ 英国坦克也担负着牵引火炮的任务

⬢ 坦克引领着英国步兵奔向前线

⬢ 英国坦克正向一处林地开进

⬢ 博物馆场景：英国坦克冲击德军阵地

第十七章

1917年2月至7月：乘"铁马"冲锋

英国坦克下一次的作战机会，要等到1917年4月的阿腊斯战场了。这一次，英国远征军把新攻势的地点选在了之前的索姆河战场北面、介于阿腊斯和维米岭（Vimy Ridge）之间的地带。其时受到压迫的德军已然选择主动向后收缩，并结成一处被协约军称作"兴登堡防线"的新防御带，而德国人自己把它叫作"齐格菲防线"。

当英军在为1917年春天的这场大攻势做各项准备时，英国坦克也已经从最初的Mark I型发展出了多种后续型号，包括Mark II、Mark III和Mark IV型。不过和Mark I型这种主战型号不同，它后面的两种型号在开发之初就定位于训练用车。

Mark II型直接以Mark I型的车体为基础，除了火力和防护力缩水外，两种坦克在整体布局上的区别非常之小。从1916年12月到1917年1月，Mark II型及Mark III型坦克生产总量分别为50辆。Mark III型的情况有所不同，因为要为后续型号积累设计经验，同样定位为训练车型的它在细节设计上有不少创新之处。

正是有了Mark III型的"实验"基础，设计者又推出了另一种主战型号Mark IV型坦克。有趣的是，与之前的Mark I、II型一样，新生的Mark IV型坦克居然也有雌雄之分，其中的"雄性"坦克配有2门哈乞开斯6磅速速炮和4挺机枪，"雄性"坦克配备了6挺刘易斯机枪。Mark IV型在设计上有许多实用性改进，比如针对此前型号的观察窗容易被打碎的问题，全部去除了观察窗而改在钢板上直接开了几个观察孔。

还有另外一个问题。这时的Mark I型和II型中的"雌性"型号已经完成了武器变更，将此前使用的维克斯机枪或哈乞开斯机枪全部换成了美国制造的刘易斯机枪。说起来，这还是第1坦克旅旅长贝克–卡尔中校力荐后的结果，作为英军中知名的机枪专家，他以书面建议上呈英国战争部，认定美国的刘易斯机枪比其他各种型号的机枪都更适合安装在坦克上。从理论上讲，这个建议拥有善意的出发点和现实例证的支撑。在步兵手中，比哈乞开斯水冷式机枪笨重一些，但比维克斯机枪轻便的刘易斯空冷式机枪确实是一种杀敌利器，但是此后的实践将表明，它们在坦克上却是一个"麻烦制造者"。

相对而言，Mark IV型应该算是更加理想的坦克型号，黑格的司令部也指望着把这种新坦克用在阿腊斯攻势中，但问题是，虽然这个型号在一战中的总产量将达到1200余辆，但它却无法赶上阿腊斯地区的作战。原定于1917年初就交付，结果因为种种原因时间被大幅推迟，虽然黑格等人多次强烈催促，第一批量产型的Mark IV型坦克还是直到1917年5月才能下线，而那时已是阿腊斯攻势之后了。

原定登场的Mark IV型未能及时交付，定下的攻势时间又不可能再做调整，这就给前线的坦克部队出了难题。这支部队是肯定不能缺席阿腊斯攻势的，黑格说过的，"坦克不出现，我们就达不成（目标）。"可是Mark I型的生产随着新型号的出现已经停止，现成的一批此前又多经磨损，结果有关方面只得临时从国内的训练场上征调一些Mark II型上战场来充数，支持这样做的理由是Mark II型的机械结构和Mark I型原本相差无几，而不征调Mark III型的原因乃是其"车体

⬆ *Mark IV型"雄性"坦克英姿*

防护过于薄弱"。

就参战的坦克部队而言，虽然英军到1917年春已编组完成4个坦克旅，但是刚刚成军的第3和第4旅显然不可能上战场，而下辖A营和B营的第2旅同样因训练程度不足而被认为不适宜参战。这样一来，站在阿腊斯的攻击出发线上的仍然是此前弗勒尔-科思莱特之战中的老班底，不过已经由那时的C连和D连升级成为C营和D营。按照计划，这两个营将各派出两个连参与直接战斗，同时以各自的第3个连为预备队。

这样一来，最终确定可以参加阿腊斯之战的坦克仍然只有60辆，其中有7辆Mark I型"雄性"、8辆Mark I型"雌性"、25辆Mark II型"雄性"、20辆Mark II型"雌性"。考虑到此战距离坦克第一次上战场已经过去了半年有余，英国军工厂的生产效能确实令人不敢恭维。

60辆参战坦克将分别配属到三个集团军的战区中，分别对三个不同的主攻方向发起进攻。其中8辆坦克配属第1集团军，进攻指向阿腊斯城外的维米岭和泰卢斯（Thelus）村；12辆配属第5集团军，在维米岭外围作战。剩下的40辆全部划归第3集团军战区，在阿腊斯以东区域作战，内有8辆分给第17军，负责斯卡普（Scarpe）河北岸地区的行动，另外32辆分别调派给第6军和第7军，在斯卡普河的南岸展开行动。全军的进攻将在4月9日清晨打响。

此前，坦克部队对于自身的第二次亮相就已经极为重视，机枪部队重装分部早在1917年1月就已经派出多路人马勘察战场情势，他们负责为参战的连队和小队选定后方集结区、开进地和行军路线。到4月初，这些准备工作已然就绪，不过第3集团军在4月3日下发的一道"补充命令"，却引发坦克部队的极度不满。这个拥有此次行动坦克总量三分之二的集团军称：一旦天气或地形等外部条件不合适，可以预判坦克小队无法达成赋予其他任务，它们就将被归入军级预备队，并且在未得到集团军司令部命令的情况下不再出动。

当参战坦克连队中第一个向前线进发的单位D营第12连在4月8日——开战前一天——晚上由集结地向攻击出发线进发时，就遇上了一场突如其来的豪雨。这不仅让坦克的夜间行进变得更困难，也让每个坦克乘员的心情都坏到了极点，因为大家都担心这场雨将成为第3集团军所宣称的"不合适"的天气条件。

4月9日拂晓到来时，战场上果然是一派"不合适"的天气和地形。虽然雨势已经明显减弱为霏霏细雨，可是因此前的炮击而变得坑坑洼洼的地面开始到处积水，显然更不利于坦克的行动。不过令集结在阿腊斯以东主攻方向上的坦克乘员们高兴的是，他们并没有收到"被归入军级预备队"的命令。

多个连队在8时15分之后陆续投入了进攻。C营原本以自己的第9连打头，不过这个连队在之前的行进中已经有6辆坦克底部受损，而且那条路线还是经过事先"仔细勘察"的。于是临时换成第8连冲锋在前，它们的目标是一处号称"竖琴"的可怕所在，这是一处德军的坚固阵地，以布有数量庞大和摆放样式多样的障碍横木而得名。

这个连的坦克坚定地向前驶去，赛拉德（P.Saillard）少尉的C24号坦克一马当先冲得最远，并且接连干掉了好几处狙击点和机枪阵地，但它随后倒霉地被一发炮弹直接打中，整辆坦克成了一个熊熊燃烧的铁柜。

卡梅伦（F.Cameron）少尉的C39号坦克很注意与本方步兵的协同，当步兵阵中出现一处缺口时，C39便立即上前填补，它在那个位置上用几挺机枪不断开火压制扑上来的德国步兵，直到危急局面得到了控制。更多的英国步兵赶上来了，也就在那时，这辆Mark II型坦克的侧面被击穿，当场造成1死3伤。在看到无法继续战斗后，负伤的车长把还能用的几挺机枪拆了下来，并把它们连同弹药一并交给了步兵们。

第8连在这个上午一共派出10辆坦克打冲锋，其中7辆陷入了泥泞的地面，包括C24和C39在内的另外3辆均被敌方炮兵击毁。

整个C营还有别的英雄事例，比如第9连的一辆外号叫"卢西塔尼亚"（Lusitania）的Mark I型"雄性"坦克。由车长查尔斯·韦贝尔（Charles Weber）少尉指挥的该车在第15步兵师的战区作战，它相继摧毁了德军的两处火力点，在车身受损后仍然继续战斗，当坦克的燃油将尽时，韦贝尔又独自跑回阵地提着油箱找补充……不过，"卢西塔尼亚"最后还是被彻底击毁了。

在战场的另一端，向维米岭和泰卢斯村方向进攻的8辆坦克同样遇上了"不合适"的天气，而且是极度"不合适"：那里居然飘洒着纷飞的雪花。经过艰难的行进，全部的8辆坦克全部都被困到了被雨雪浸透的泥地里。

在阿腊斯城的南面，D营第11连的12辆坦克被临时调派到这个方向，负责配合那里的澳大利亚第4步兵师以及英军第62步兵师作战。这里是"兴登堡防线"的最北端，第11连的作战计划是以两辆坦克为一组发起多轮冲击，每一组都恰好是"雄性"和"雌性"各一辆。

但是这些坦克在4月9日一整天里都无所事事，因为澳军发现炮火准备的效果不理想，而将这个地段的进攻推后了24小时。第11连只得重新返回集结地，不过利用这段时间空隙，连部重新调整了计划，将两辆一组的分散使用改为集中起来在步兵身前实施突击。

4月10日一大早，在前一天参战的其他坦克部队纷纷休息之际，第11连再度向进攻出发线行进。从铁路的终端下来之后，这些坦克还要自己开进几千米，而它们在下火车时就已经吃尽了苦头，有一辆Mark II型坦克直接"瘫痪"在了车站。这天的天气同样"不合适"，先是雨夹雪，然后是一场大雪，把工兵们在前一天就标记出来的指示坦克道路的标志物全部掩盖掉了。第11连的进军就是在这样艰难困苦的条件下展开的，但是在折腾了一段时间之后，连队却接到了返回集结地的指令。

在前线上，澳大利亚步兵们正在自己的出发位置上翘首以盼，他们满心期待着坦克的出现，并不是指望着坦克能够对自己有什么具体帮助，而只是想大开眼界亲眼看一看这种传说中的东西罢了。在目睹坦克这一愿望终于落空后，这些澳洲战士向着当面的两个小村发起了两轮冲锋，全部都归于失败。

澳大利亚第4师和第11坦克连被要求在4月11日重新进攻。这天早上，坦克再次迟到，而且有几辆陷进了坑里，不过终于得以参战的那几辆总算是了却了澳大利亚步兵一睹坦克尊容的心愿，只可惜它们数量太少。虽然数量少，但却是英国坦克首次尝试以"较大数量"集中起来使用，而不是此前那种以2辆或3辆为一组的分散编组方式。

这天的天气倒是变好了，太阳从6时起就冉冉升起，把前两天阴湿不堪的战场照得一清二楚。但是这种晴朗的天气却同样"不适合"坦克行动，有目击者称一辆辆坦克就像是"匍匐在雪地里的硕大的黑色蜗牛"，这自然降低了德国炮手们的瞄准难度。

德军以各种轻重火器集中轰击这些阳光下的英国坦克，澳大利亚军队的报告形象地指出，"坦克的

▲ 德军时常用野战炮对抗坦克

金属外壳在机枪子弹的反复洗礼下开始变得愈发锃亮，不断闪光。"最终，这些"不断闪光"的坦克都没能冲到足够远的地方，它们要么被击毁，要么在战场上变得一动不动。

坦克在阿腊斯的表现难言成功。分散开来的坦克小编队固然取得了不同程度的零星成功，但也正因为是分散使用，从而缺乏有效数量支撑下的协同突破。当然，恶劣的天气和地形也极大制约了坦克的行动，它们证明这些钢铁怪物远非全能；而此战中英军集团军级主官对于坦克并不算重视的态度，也在相当程度上限制了其发挥。

进入1917年，英国坦克并非唯一奋战在战场上的协约国坦克，法国人的突击坦克也开上了战场。如前篇所述，"施奈德"和"圣沙蒙"这两种突击坦克的交付进度简直和它们的行驶速度一样慢，不过在得到足够数量的坦克之前，法军已抓紧时间完成了新型坦克部队的编制以及战术规范。

新单位的编制工作，早已由艾斯丁尼负责完成。从法军总司令部于1916年4月18日发布的条令来看，坦克单位的编制看起来在很大程度上参考了炮兵的标准，这倒并不奇怪，因为艾斯丁尼本来就是炮兵出身，而坦克在当时就被看作是"特种炮兵"。

根据条令，"施奈德"和"圣沙蒙"坦克分别编组，其基本单位均为坦克中队（排），每个中队拥有4辆坦克，4个坦克中队构成一个大队（连）。每个"施奈德"大队定编18名军官、18名士官和74名士兵，每个"圣沙蒙"大队定编18名军官、18名士官和108名士兵。

从此时起直到一战结束，法军共编成17个"施奈德"大队和12个"圣沙蒙"大队，法军将这些坦克大队称作"AS大队"，AS就是法语"特种炮兵"的首字母。其中，最早成军的"施奈德"第1大队成立于1916年12月，而最晚成军的"圣沙蒙"第42大队直到1918年初才形成战斗力。

随着坦克交付数量的增多，法军从1917年初开始将坦克部队集中编组，从而出现了坦克集群的编制。一般而言，每个"施奈德"集群下辖4~5个坦克大队和1个保障连，每个"圣沙蒙"集群下辖3~4个坦克大队和1个保障连。每个集群都另配1个补给排，装备移除武装的1~2辆突击坦克、1辆"霍尔特"拖拉机和数辆卡车。战争中，相继组建了6个"施奈德"集群和4个"圣沙蒙"集群。

至于确定坦克战术的重任，自然也交给了艾斯丁尼，这位法国坦克的积极倡导者在1916年8月8日晋升少将，次月30日更被任命为"特种炮兵司令官"。新设立的职务直属于陆军总司令部，实际上令艾氏当上了第一任法军装甲部队司令。

1917年1月，艾斯丁尼司令官发布坦克单位的战术规范，主旨包括：坦克应伴随步兵突破敌防线，但不必拘泥于等待步兵，发现突破口便应遂行大胆突击，等等。法国人对于英军坦克在索姆河的表现大不以为然，他们坚信自己可以通过集中大量坦克的战法来实现深远突击，因此，"宽广正面突击"和"粉碎敌军防线"之类的表述在战术规范中随处可见。艾斯丁尼最后不忘提醒坦克车长们："请谨记，坦克最有效的手段乃是运动。"

这时，新生的坦克部队已初现生机与活力。所有坦克中队的人员，均采取自愿报名的方式，从法国陆军的各个兵种募集而来。有趣的是，报名者中以骑兵部队人数为最多，原来这些马背上的健将一直苦于在堑壕战中无英雄用武之地，现在颇为能够骑乘"铁马"冲锋陷阵而欢欣不已！

满心期待运动战的前骑兵们看来有望在1917年2月梦想成真，根据计划，数个"施奈德"大队将加入第3集团军的战区，向德军防线发动奇袭。然而就在法国坦克的首战即将打响之际，当面德军却主动收缩后退，着实令人大为扫兴——坦克大队徒然演练了一番运输和集结。到了3月23日，"施奈德"终于向敌人鼓噪而进，但却没有发生交火；4月3日，突击坦克又执行另一次类似行动，仍然没有发生交火。不过，离真正意义上的"第一次"，已经为时不远。

1917年春，法军发起规模浩大的所谓"尼维尔攻势"，其中第5集团军打算

◎ 圣沙蒙坦克的车组们在战斗前合影

◎ 引领步兵前进的施奈德坦克

在其面对的一处坚固防御地带——雷姆斯（Rheims）以南20千米处的小城柏利奥巴（Berry-au-Bac）——投入坦克。

第2、4、5、6、9大队的82辆"施奈德"奉调参战，在让–马利·布索（Jean-Marie Bossut）少校的带领下，这个临时编组的坦克集群（B集群）于4月9日接受了艾斯丁尼的检阅，然后搭乘火车出发，于12日晚开进至集结地。与此同时，另一个坦克集群，由夏布斯（Chaubes）少校指挥的第3、7、8大队的50辆"施奈德"（C集群）也连夜赶来，在13日凌晨4点到达指定位置。

B集群被列入第32军序列，其中4个大队配属第69步兵师作战，另1个配属第42步兵师，任务是在艾纳河（Aisne）和梅耶特河（Miette）之间1600米宽的正面上采取行动，打开通往亚文科特（Juvincourt）的通道。C集群部署在侧翼方向上，配属第5军第10步兵师作战。

与此同时，在第5集团军南翼的第4集团军，也得到了坦克的加强。这个集团军的第8军迎接了列斐伏尔（Lefebvre）坦克集群的到来，L集群由第1、10、31、33大队的48辆"施奈德"和36辆"圣沙蒙"混编而成。

4月16日凌晨2时，布索少校在三个坦克集群中率先挥军进发，但是沿途遍布休息的步兵令本就缓慢的坦克开进得更慢。当B集群在6时30分做最后的攻击准备时，德军的炮弹便呼啸而至——2辆坦克遭重创。之后这些"施奈德"开始做攻向敌阵前的最后一项准备：越过本方的战壕。尽管得到了工兵的全力帮助，但这也是费时费力的活儿。

10时整，攻击的命令终于下达。半躺在密闭的钢铁舱室内的"骑兵们"手忙脚乱士气高昂，在他们看来，现在是自那不勒斯王缪拉的胸甲骑兵在滑铁卢发起绝地冲锋以来，属于法国骑兵的又一个历史性的壮观时刻。

在步兵的配合下，通体铁灰色的"施奈德"突击坦克顺利地越过名为"伍兹堡"的第一道敌壕，但在第二道敌壕"拿骚"前却遇上了麻烦。此时，步兵们被"拿骚"壕的猛烈火力打得四散而走，打头的第2大队的坦克乘员不得不下车，自己为越壕做准备。

德国人的炮弹就在这时急袭而至，一辆名为"与死神擦肩而过"（Trompe La Mort）的坦克不幸中弹，当场被打成一团火球，而这正是集群指挥官的座车——布索少校和全体车组成员当场阵亡。

整个"施奈德"集群，都在不断迎接死神的光顾。

第2大队有7辆坦克奋力越过第二道敌壕，但是步兵的跟进迟迟不至，结果4辆被击毁，3辆返回原地。战斗中，大队长夏努内（Chanoine）上尉步布索少校后尘，死在座车里。

第4大队也一度打到了"拿骚"壕，但最终丢下4辆熊熊燃烧的坦克，向后撤退。

第5大队几乎被发疯般涌来的德国步兵所包围，一位名叫谢努（Chenu）的少尉描述道："一排人浪猛然跃出，有人跌倒在地，有人朝我们疾奔。我们被疯狂的念头笼罩着，满脑子只有复仇的怒火，只想着要用好手中的霍奇基斯（机枪）和短管75（炮）。开火！开火！车内的嗓音响得难以置信……大家浑身都是油污和火药的粉尘，不过，我们还能呼吸。"虽然坦克手"还能呼吸"，坦克却无法取得突破，4辆坦克被击毁后，第5大队向后退。

第6大队在"拿骚"战壕前遇到格外精准的炮击，原来，德国炮手得到了侦察机的指引。在大队不得不中止进攻前，已经报销了6辆"施奈德"。

相比之下，第9大队的境遇最糟，该部试图以鱼贯队列穿越敌壕，结果沦为

◤ 战场上一辆被击中的施奈德突击坦克

德国人的理想标靶，11辆坦克中只有1辆得以逃回。

于是，B集群的"壮观"行动不免以悲剧收场，这一天，这支部队共有26名军官和106名士兵伤亡，坦克损失数量多达44辆，占到参战坦克总数的一半多，其中31辆坦克是被炮火击毁，另外13辆因机械故障等原因损失。

B集群苦战的同时，夏布斯少校的C集群在侧翼战场上冲向了德军的"图林根"战壕，其过程可以用"麻烦不断"来形容。

出发之前，第8大队就有8辆"施奈德"陷入泥沼动弹不得，无法及时参加战斗。接着，当该群的其余40辆坦克越过本方战壕时，1架德国侦察机悠然而至，它很快就招来了猛烈的炮击，这一来，就又有2辆"施奈德"被打趴下。

终于赶到"图林根"战壕时，坦克手们又发现这道壕沟居然宽达5米，这可是坦克根本不可能逾越的距离。进退踟蹰中，第7大队的9辆坦克全部被击毁，第3大队也只剩1辆还能战斗。最后到场的是姗姗来迟的第8大队，也很快就在抛下4辆起火的"施奈德"之后败退而走。德军在战斗中使用了一种名为K弹的穿甲弹，这种极为有效的枪弹不仅多次洞穿法国坦克，而且用机枪甚至普通的毛瑟步枪就可以发射。

夏布斯少校检点部下，发现损失了32辆坦克。法国坦克部队首次大举参战的4月16日已成为灾难性的一天——2个坦克集群投入132辆坦克，损失高达76辆。参战的720名官兵中有180人伤亡，虽然人员损失比例达到25%，却显著低于当日步兵战损率的40%，一战堑壕战之残酷由此可见一斑。

相比之下，这一天在雷姆斯东面参战的L集群的境遇要稍好一些，在第4集团军的战区内，L集群将坦克分成两波依次行动，第一波是第1和第10大队的

🔺 德军用于反坦克的K弹和普通子弹比较

🔺 展现圣沙蒙突击坦克战斗状态的画作

"施奈德"，第二波是第31和第33大队的"圣沙蒙"。

德军防线的所处地形——一座低矮的山丘——限制了法国坦克的行动，在2辆"施奈德"被打得起火后，其余"施奈德"也无法在坡地上有效推进，最终退回了出发地。而远远落在后面的"圣沙蒙"更只是起到了一点炮火支援的作用，不过自身倒是毫发无损。

休整到5月初，赶在"尼维尔攻势"的尾声，坦克部队重装上阵。或许是鉴于L集群在此前的运气较好，这次参战的仍然是列斐伏尔少校的部队：第1和第10大队的"施奈德"、第31大队的"圣沙蒙"，目标是艾纳河右岸的拉福克斯村（Laffaux）。

5月5日4时45分，第1大队打头阵进攻，16辆"施奈德"成功地用炮火压制德军碉堡，打得不亦乐乎。稍后，12辆"圣沙蒙"也投入攻击，开局便颇为顺利。但是良好的开局没能换来战果，由于步兵没有及时跟进，坦克部队只得放弃了占据的阵地。此战中，列斐伏尔集群损失了7辆"施奈德"和5辆"圣沙蒙"。

德军对法国坦克在这一天的突击留下了深刻印象，称"坦克第一次展现了全部能力，不但没有遭到显著损失，还取得了决定性的进展"。但是法国人毫无喜悦之感，他们得好好总结两次坦克战的教训。

关于坦克自身的缺陷，很快就达成了共识：一、越壕能力有限，在战壕前徘徊时极易沦为"猎物"；二、极易燃烧，一旦侧面中弹，"施奈德"便立即化为一团火球，简直是"移动的火葬场"；三、舱室设置不合理，油箱着火后，前部驾驶舱的人员无法逃生，另外车内噪音极大无法通话，废气充斥令人窒息……

关于突击战术，则莫衷一是。有军官认为坦克的作用极为有限，因为它虽然有能力突破第一道敌壕，却跨越不了第二道，白白在两道战壕间承受炮火。而指挥了拉福克斯村战斗的皮埃尔–艾米尔·贝尔多拉特（Pierre-Emile Berdoulat）将军则声称坦克是最有效的突击武器，完全有能力突破敌军全部防御纵深，但前提的是得到炮兵和飞机的全方位支援……

新武器和新战术带来的争论还将持续下去，但可以肯定的一点是，两种法国突击坦克的亮相伴随着声势浩大却归于不幸的"尼维尔攻势"，这场总攻没能成为1917年战场的决定性战役，坦克也没能成为战役中的决定性力量。

在接下来的1917年春夏之交，英国坦克部队经历了休整，同时增长了实力，

第一次世界大战坦克装甲车辆全史（1914—1918）

等待下一次考验的到来。这时的西线战场形势是，上任不足半年的法军总司令罗贝尔·乔治·尼维尔（Robert Georges Nivelle）将军的春季攻势在法国人的持续失血中宣告失败，久战生疲的法国军队甚至爆发了抗命不遵的兵变事件。新任法军司令亨利·菲利浦·贝当走马上任，他后来将成为一战中的法国英雄，不过那时还远未到他发力之时，他首先要对付的是重振法军士气的问题。

有鉴于此，在西线再夺主动权的重担只得又落到英国人身上，话说英军此前也已是迭经苦战，不过这时已贵为陆军元帅的黑格爵士并不惮于继续这样做。这时，他的远征军已经有64个师的兵力，黑格打算用他们在本方的左翼即德军的右翼动手，在佛兰德斯平原上打出一条通往荷兰滨海地区的通道，从而有力地改变西线对峙的态势，或者至少也能威胁到德国海军设在比利时境内的U艇基地。

这一次，黑格手里有了一个强力支撑，那就是千呼万唤始出来的新式武器：Mark IV型坦克。这个型号的生产总量为1200辆，其问世后几乎参与了英军在西线的所有战役。Mark IV型在坦克发展史上具有重要地位，它被认为是世界上第一种主战坦克（MBT），也是战争中第一次被大规模集中使用的坦克。

和之前的Mark I型或II型相比，Mark IV型着重提高了车体正面的防护能力，底盘、侧面和后部的防护力是略有提升。位于前部的驾驶室变得较窄，从而得以采用更加宽幅的履带，从而在一定程度上提高了在复杂地面上行进的能力。车内的油箱空间加大，直接带动了行驶里程的增加。

Mark IV型的主要武器原本沿用了Mark I型的6磅速射炮，不过是一种刚刚于1917年1月定型的炮身变短的版本，并为之重新设计了侧面炮塔。改用这种短身管的火炮是基于坦克作战的实际，这样一来炮手操纵的便利性就大大提高了，当然了，这是以牺牲较远距离射击时的精度和炮口初速为代价的。关于这一点，曾经有过争论，最后还是选定了短身管火炮。据说拍板的意见是这样的，"坦克在战场上普遍是在抵近目标时再开火，而不是尝试远距离发炮；而且，坦克的炮击主要就是以声光效果来吓唬人的，谁又指望它们能经常命中目标呢？"

第一批76辆崭新的Mark IV型坦克于1917年5月运抵法国，它们装备了第2坦克旅的A营和B营，来时正好赶上英军对佛兰德斯攻势的最后准备阶段。按照计划，进攻将在6月初发起，而那时已经部署在法国的7个坦克营中的6个将全部参战，即A、B、C、D、F、G营，最新抵达的E营则充当预备队。

又出现了熟悉的场景，工兵部队彻夜忙碌，为坦克找出理想的行军路线，在危险地面附近标标点点。这次的工作做得更细，工兵们在有的松软路段预铺石块或木料做成临时堤道，而部分坦克车长和驾驶员还被带到靠近前线的地带，以便实地观察当地情况。

5月31日夜里，各营展开夜间行军。这次的开进全部在夜晚进行，白天则是休息时间。在后面这一点上，各营的做法各有不同，大部分坦克营的乘员们白天是和自己的坦克留在一起，很显然他们在这种情况下不可能获得什么高质量的休息。唯一例外的只有"老资历"的C营，该营的做法非常"人性化"，营部总会在白天的宿营地附近找到旅馆或房舍，然后用卡车把坦克乘员们拉去那里美美睡上一觉。

在之前的几次战斗中，坦克每每受到复杂地形的影响，"瘫痪"在道路或阵地上的坦克也占了损失数的大部分，这在很大程度上是战前对地面探测不准所导致的。而在佛兰德斯地区的战斗之前，坦克部队采用了一种新的"探地法"，使用一根比军官用的手杖略长一点、直径为12.7毫米的探地杆插入地面，然后以对照换算法来得出地面的承压能力。比如，如果用双手之力能将杆子插入地面30～45厘米的深度，就表明此地的承压能力是1.4千克/平方厘米；如果只用一只手就可以插到同等深度，则地面承压力是0.7千克/平方厘米；如果用一只手一直可以把探地杆插没到手柄的部位，则地面承压力不会超过0.35千克/平方厘米。有了这些数据，再来评估当地是否适宜坦克通行。

受到准备因素的影响，英军发起的佛兰德斯之战分成了两个阶段，第一阶段在6月初短暂进行，而第二阶段则拖到了7月末才开始，两个阶段的战斗中坦克都有参与。

第一阶段的攻击发起日定在1917年6月7日，初期攻取目标是梅西拿山脊（Messines Ridge），黑格希望通过此举来拉直伊普雷斯突出部以节约兵力，好为下一阶段进攻做好准备。

此战的最初亮点，是协约军事先通过挖地道的方式深埋入德军战壕下方的大量炸药被一次性引爆，这场壮观的"烟花秀"震惊了交战双方，也为进攻方带来了初始便利，但却并没有产生太多的后续影响。借着大爆炸的良机，参战的62辆Mark IV型坦克齐齐向前，在相当长的一段时间里都没有遇到任何阻击。不过，由于误入一大片地雷区，走在坦克前面用新型探地杆为其开路的工兵们却经历了一次"自杀之旅"。

随着推进的深入，从最初的震恐中恢复过来的德国士兵开始努力阻击英国坦克。这片战场上的德国人不再像之前那样在面对坦克时满是恐惧，因为他们满以为自己已经掌握了有效的应对手段，而这一切的信心来源于在阿腊斯战场上缴获的2辆英国坦克。

英军在那场战斗中留下了1辆比较完整的Mark I型和1辆轻微损坏的Mark II型坦克，这让德国人如获至宝，经过仔细研究，他们开发出了一种可由普通步枪发射的穿甲子弹"K弹"，经试射表明"英国战车的钢板不足以抵挡这种特殊弹药"。另外，德国人还掌握了坦克油箱的位置，可以在反制中有的放矢。

可是，这些努力在佛兰德斯战场上都被证明是空欢喜一场，这些反制手段针对的是老坦克，而他们现在面对的则是新坦克。事实上，Mark IV型坦克增加了钢板厚度，还改变了油箱位置，自然令"K弹"之类的东西无法施展所长了。

如果说崭新的Mark IV型坦克在6月初的第一阶段战斗中境遇颇佳的话，那么等到它们在7月底投入第二阶段作战后，则是吃够了苦头。所谓的佛兰德斯第二阶段攻势直到7月31日方告展开，并且一拖数月之久而成为第三次伊普雷斯战役。这场战役的突出特点就是"下雨"。

绵绵细雨从攻击开始之前就在下，到了7月31日当天化为倾盆大雨，而接下来连续几个星期里依旧是阴雨不断，把整个佛兰德斯平原都变成了一片大沼泽。到这场湿漉漉的攻势于11月最终停顿在帕森德勒（Passchendaele）的泥沼中时，英军最远推进距离不超过6.5千米，付出的代价则是25万人伤亡。

其实，在这一阶段战斗打响前的开进集结中，各坦克营就已经叫苦不迭，雨和泥泞成了主题词。

D营的一名坦克车长在日记里写道："我们最终能够来到攻击出发线，这简直就是一个令人难忘的奇迹。"这个营的记录还表明，此前为坦克精心设计的迷彩涂装方案被证明完全是浪费时间和精力，因为湿泥随着两侧过顶的履带不断飞洒，不一会就把每辆坦克的漂亮涂给完全遮盖掉了。

G营的记录则表明，有一次该营的坦克开了4个半小时才前进了1.5千米。分发到手的地图成了这个营强烈吐槽的对象，地图上绘制着清晰的村落、道路、溪流和田野，可坦克乘员们眼前看到的只是一片由泥沼构成的陆上汪洋。有的溪流在地图上标明宽3米，而乘员们仅凭目测就可以判断其宽度起码在10米以上。军官们评价这份行军地图道，它要么是虚构的，要么就根本是一幅美术作品！最后，G营的道格拉斯·布朗（Douglas Browne）上尉决心自己画一张速成地图，他指着一望无际的泥地说，"瞧瞧吧，这项工作其实一点也不难。"

就这样，抵达攻击出发线的行军成了一场艰辛的搏斗。对此，A营的日志一言以蔽之："旅行极其痛苦。"

战斗同样痛苦。英军的3000门大炮此前已经连续实施了长达15天的炮火准备，这让本已浸泡在雨水中的18千米长的战线愈发变得体无完肤。按计划，参战的216辆坦克将分成三波陆续行动，以配合步兵依次夺取当面德军的三道防线。

开战后，C营的一辆坦克奋力冲垮了一处德军的据点，但在那里，车长约翰·阿里纳特（John Allnatt）发现自己的坦克陷入了奇怪的境地，他诗意地写道："身边什么人也没有，不管是敌人，还是自己人。望着一派泥泞，我们犹如汪洋中的一叶孤舟。"

除了"孤舟"，另外还有一辆坦克也取得了局部成功。它带领着2连步兵在一小时内前进了1300米，成功地抓获了362名俘虏，跟进的本方步兵中只有5人伤亡。

但是这样的成功只是个例，坦克在7月31日的整体表现可以用"灾难"来形容。分三波进攻的坦克中大部分都在冲锋过程中陷入困顿，继而沦为标靶。一名军官记录道，"前进的地面起伏而泥泞，一旦坦克陷入深潭或是被击中，后面的步兵就全堵在它后面，然后不断地被德国人的冷枪打倒。"最终，在这一天里有多达70辆Mark IV型坦克报销掉，而其中近一半是在陷入泥潭之后被击毁的。一个传神的说法是：28吨重的Mark IV型坦克可不是两栖战车啊！

另外，近距离战斗还暴露了英国坦克的机枪缺陷。前面说过，在第1坦克旅旅长贝关–卡尔中校的力主下，坦克的武器由硕大的维克斯水冷式机枪换成了刘易斯空冷式机枪，Mark IV型坦克也不例外。虽然刘易斯机枪在野战条件下是一种轻便灵活的武器，但在装上坦克之后，却存在其空气循环方向正好与坦克内部冷却风扇的空气循环方向相反的困扰，这使得机枪手每次一射击，机枪的热浪和枪口的射烟就会直扑他的面门，简直让他们开始变得不敢射击了！

总之，参战的几个坦克营在战斗第一天损失惨重，从第二天开始就几乎完全退出了战斗序列。至于感叹"旅行痛苦"的A连，倒是没有参加这一天的"痛苦"战斗，因为它们行进得过慢，到达战场已是31日的黄昏时分。不过在从前

◈ 在战场上冲锋的Mark IV型坦克

◈ Mark IV型的逼人气势

线退回集结地的过程中，这个营又白白损失了2辆坦克，而在检查适合坦克行进道路的过程中，居然还有1名乘员意外溺亡！

　　对于坦克在第三次伊普雷斯战役初始阶段的表现，第5集团军司令休伯特·高夫（Hubert Gough）爵士总结道："它们太慢，易受攻击，老是受到战场地形的困扰。"他还尖刻地挖苦说，"集团军司令部对于它们在泥泞战场上的前景本来就不抱什么乐观态度，结果它们果然也就没能取得什么成就。"

⌃ 一具野战担架行经Mark IV型坦克

⌃ 战斗间隙的Mark IV型坦克

⌃ 英国士兵展示缴获的德国反坦克步枪

◔ 驶过一处小镇的圣沙蒙突击坦克

◔ 施奈德突击坦克在法国骑兵的注视下开进

◔ 攻取了一处村落的圣沙蒙突击坦克

◔ 这辆英国坦克成了德国人围观的对象

◔ 在一处基地集结中的Mark IV型坦克

◖ 一名通信骑兵正向坦克部队传递命令

第十八章

1917年8月至1918年3月："光大纳尔逊的精神"

在法军的战术检讨中，反应比"施奈德"更迟缓，对复杂地形适应性也更差的"圣沙蒙"突击坦克，收获了格外多的负面评价。

一名坦克军官挖苦道："巨大的'圣沙蒙'似乎是强有力的打击者，不过只有一个缺点——无法驾驭。"据传言，当一批补充兵发现自己被分配到"圣沙蒙"大队后，声称"没有人愿意在这种坦克上作战"。还有一名军官，抓住这种坦克头重脚轻的特点，富于想象力地称之为"长着羚羊腿的大象"。

这些无一例外的恶评，以及法国坦克部队首战不利的形象，于1917年10月在一个名叫马尔迈松（Malmaison）的地方发生了转折。

这时，法军在"尼维尔攻势"之后消沉既久，而尼维尔本人也已被号称"凡尔登救星"的贝当将军所接替。在对待新武器上，贝当虽不是艾斯丁尼式的坦克鼓吹者，但也认同坦克对于突破战的重要价值，另外，他相信坦克是士气低迷的步兵部队的精神支柱和战场良伴。他有关坦克的名言是，"存在两种步兵，那就是有坦克伴随的步兵和没有坦克伴随的步兵，而前者一经战斗后就再也不希望没有坦克伴随。"

在经过一段时间的等待之后（他称自己是在"等待美国人和坦克"），贝当计划在恩河地区做一次有限的进攻尝试。为此调集了8个步兵师，配合其作战的是第8、11、12大队的36辆"施奈德"和第31、33大队的28辆"圣沙蒙"，坦克部队的主要任务是协同步兵夺取马尔迈松要塞。

10月23日天刚蒙蒙亮的时候，浑身涂满绿、棕、赭色间条迷彩的突击坦克就发起了冲锋。第12大队的"施奈德"隆隆而进，步兵在坦克后方紧紧跟随；第31和第33大队的"圣沙蒙"随即投入，向德军机枪阵地施以无情的冲击。

随着"坦克来了！"的惊呼在德军阵地中四处响起，突击坦克在多处地段成功突破德军防线，第33大队的"圣沙蒙"在压制敌人火力方面堪称典范，即便多辆坦克陷入雨天后的泥泞无法行动，却仍然继续扮演固定炮台的角色。

一位名叫福里尔（Fourier）的"圣沙蒙"驾驶员在日记里生动地写道："我绷紧神经，开始驾驶坦克爬向一个斜坡。那里遍布着石块，我用力踩下油门，轰！发动机运转不停，但坦克就是爬不上去。接着，坦克发生了侧滑！难道我们的旅程就到此为止？"跳出坦克后，福里尔中尉才发现坦克履带陷入泥地，此时车长喊道："快进来，我们要开炮了！"

这时，一度被炮击所阻的第8大队开了上来，吸取着以往战斗中的教训，这批"施奈德"坦克都在两侧的油箱部位加装了5.5毫米厚的钢板，从而有效降低了德军K弹的威力。当看到机枪射出的K弹无法穿透从硝烟中现身的法国坦克时，德国人的士气受到了巨大的冲击。

当"施奈德"压过德军的野炮阵地时，步兵们仍然紧随左右。战斗中，法军通过旗语和通信兵来保持步兵和坦克的实时联络，收效良好。在这种步坦协同的联合冲击下，守军不复能实施有效的抵抗，上午11时战斗全部结束，马尔迈松要塞落入法军之手。共有64辆坦克参与此战，其中只有6辆被敌军击毁，另有13辆陷入泥沼或出现发动机故障，阵亡人数仅为28名。

马尔迈松是"施奈德"和"圣沙蒙"突击坦克的第一次胜利，更是新生的法国坦克部队一次了不起的成功。坦克，恰当地证明了它的价值，就像法军官方战史所记录的那样："1917年10月23日的坦克运用获得了成功，从而树立了乘员对其的信心。"

法国突击坦克证明自己的同时，"吃饱"了泥浆的英国坦克部队在1917年秋季迎来了新一轮的整编升级。这次的调整意义深远，坦克不再是从属于机枪部队的"分队"或"分部"，而是脱离出来成为独立的"坦克部队"（Tank Corps），从此正式成上升为英国陆军序列中的一个独立兵种。英国坦克部队的首任指挥官是休·艾勒斯（Hugh Elles）少将，在他的刻意设计下，坦克乘员的制帽上都佩上了一个新帽徽，上面刻有坦克部队的铭语"无所畏惧"（Fear Naught）。

在伊普雷斯，有人说坦克在此战中一事无成，而事实上，即便没有坦克参战，这场战役也注定是毫无作为的。而到了1917年11月下旬的康布雷之战，独立出来的英国"坦克部队"就展现出了另外一幅面貌。

无论从数量上还是质量上看，或者是取得的战果看，康布雷之战都是英国坦克前所未有的耀眼时刻，也正因为如此，使得不少读史者都误把康布雷看作是一战英国坦克参战的"起点"。

英国坦克在康布雷的成功，很大程度上得益于最初的作战计划，这份计划最早是由一名当时还不怎么出名的参谋人员富勒（J.F.C.Fuller）上校于当年8月提出，内容不再是以往那种要求坦克参与大部队行动的配合方案，而是一份为坦克部队量身打造的以其为主要力量来实施的方案，可以说是完全与这个新独立的兵种的地位相适应的。

富勒此前一直在机枪部队重装分部担任参谋，对于坦克的使用有着自己的观察、思考和观点，正是有此基础，才使他拟制了康布雷之战的计划。也正是于此，他在一战结束后的年月里写出了《装甲战》和《西洋世界军事史》这样的著作，从而成为世界装甲战理论的创始人之一。

按照富勒的构想，坦克将在战役的第一天集中力量做持续一天的突击，通过这般"猛烈的一击"，来提升坦克部队乃至西线英军的整体形象。至于作战目标，富勒把它选定在了已被德军吹嘘为"无法突破"的兴登堡防线位于康布雷附近的那一段。从位置上看，康布雷位于阿腊斯东南面、圣昆廷（St Quentin）和索姆东北面，这里虽然在过去两年里一直吸引着交战双方战术家的目光，但却很少发生战斗。即便兴登堡防线穿行于此，康布雷在1917年秋天时依旧是西线相对平静的区域。富勒之所以选择这里为战场，依旧是以坦克的特性为出发点，因为此地没有经过密集炮火的"开垦"，无疑有利于坦克的开进。

康布雷地区属于朱利安·宾（Julian Byng）爵士的第3集团军的战区，因此富勒的建议先是提交给自己的顶头上司艾斯勒少将，然后由后者交到了宾的手中。和喜欢挖苦坦克的第5集团军司令高夫不同，宾爵士是一位坦克的支持者，他表示自己的兵团虽然任务吃紧，但却仍然可以挤出6个步兵师、4个骑兵师和

1000门大炮参与行动。随后，他把福勒的方案上呈给了黑格，在考虑到康布雷还是德军一处重要的通讯中心所在地之后，远征军司令批准了这次作战。

此次参战的坦克数量，将是前所未见的大规模。总计投入当时可用的全部坦克，即3个坦克旅（9个营）的476辆坦克。其中多达378辆是作战坦克，另外则是一批前所未见的特种坦克，包括若干辆大口径火炮运载车，一批补给型Mark IV型坦克，3辆无线电通讯坦克以及32辆专门用来对付铁丝网的破障坦克。用来切割铁丝网的坦克都在车体上用白漆标有醒目的"WC"，这是"铁丝网切割"这两个单词的首字母缩写，可不是代表厕所啊！

其他战备工作也是前所未有的细致。就拿越壕作业来说吧，此时德军已经普遍加宽了自己的战壕，以此来作为坦克突破的屏障。经过侦察，英军判明康布雷的防线乃是双堑壕体系，从东南延伸向西北，穿过哈夫林科特（Havrincourt）村，这一体系密布火力支撑点，并且由四道纵深达90米的铁丝网体系保护着。英军将前一道主壕称作蓝线，后面的辅壕称作棕线。

侦察表明，德军战壕的平均深度是2米，有的地段宽度达到了3.5米，这就超过了Mark IV型坦克的最大设计越壕能力（2.7米）。为了能够在康布雷克服这样的"宽壕"，坦克部队技术人员的应对之道是为第一波冲锋的坦克加装一大捆树枝，由它向战壕内投掷以填出一条通道来。

🔺 向康布雷战场做铁路调运的坦克

经过测试，每捆有效的树枝由90～100束较小捆的树枝组成，每根树枝平均长度在3米左右，束紧后的大捆树枝的直径则在1.5米左右，每捆的总重量是4吨。树枝捆由加装在坦克两侧的铁链绑定，铁链则由一具加装在车体前部的释放齿轮控制，当靠近敌壕后，坦克乘员在车内操控齿轮，齿轮便松开链接，将这一大捆树枝投入壕中。数辆坦克将相继对同一地段实施投放，等到填入那里的树枝足以保障坦克通行后，最后一辆坦克的乘员将下车在那个位置插上红、黄两色的三角小旗，以指示后续坦克依次通行。

英军进行了多场模拟实战条件的测试，表明这一做法是行得通的。保障部门则加班加点，为这场进攻一共准备了400吨木料。测试期间，有一名士兵遇到了绑定铁链断裂的事故而不幸遇难，人们很快就绘声绘色地说他是被猛抽而来的铁链打成了两半！

这一次，英国人以颇富效率的运作完成了以铁路前送坦克的作业，铁路运输从11月11日持续到14日，每天发出9列专列，每列运送12辆坦克。从15日到19日，担负着第一波任务的坦克在集结区内加装柴捆完毕，然后同其他坦克一道开进至战区。

11月19日——攻击日的前一天，坦克部队的当家人艾勒斯将军向集中起来的各坦克旅的军官们发布了战前动员："明天，坦克部队将迎来期待数月的良机——在战斗中充当最前锋。从以往的经验来看，我有理由相信你们将把坦克兵种的好名声发扬光大。我本人将亲自引领中路的突击。"最后，他很煽情地为部下们打气，"你们所有人，在明天证明自己吧，在这片土地上，我们要光大（海军统帅）纳尔逊的精神！"

演说完毕后，听众之一、这次作战的策划者富勒上校规劝艾勒斯明天不要亲自上阵，但受到了后者的拒绝。艾勒斯随后选定位于战线中段的H营的一辆Mark IV型"雄性"坦克"希尔达"（Hilda）为自己在战场上的座车。

这天晚上又下起了一场间大雨，令人不免对明天的前景又产生了担心，所幸这场雨只是夜雨，在天快亮时就完全停止了。20日的6时10分，一派浓雾笼罩着战场，各支坦克部队已经集结停当，准备发起进攻，而伴随作战的步兵们就紧随其后。

10分钟后，1000门大炮开火，弹着点由近及远，逐步向德军防线纵深推进。这是康布雷之战的又一特点，开战前英军没有实施任何炮火准备，目的之一是避免敌军的炮火反准备，从而为坦克和步兵的集结创造有利条件，目的之二是使战场保持着有利于坦克通行的完整地面。而在这天清晨短暂的炮击之后，便由坦克带领着步兵发起进攻，这确实是一次属于坦克部队的战役。

富勒的战术，是以每个坦克营的2个连攻取蓝线，然后以第3个连进占棕线。具体进攻中，每3辆坦克组成一个战术单位，打头的那辆先是压过铁丝网，然后在到达战壕边时向左转，同时以火力压制壕内的德军；这时跟在其后约90米远的2辆坦克并排行进，向战壕内投下柴捆并越过战壕，而其身后的步兵也将陆续跟进。

宾爵士投入了所有坦克，连一辆也不留。这样大规模集中使用坦克的效果符合预期，令人兴奋。而且，许多坦克是在没有得到柴捆帮助的情况下就越过了战壕，原因是德军搭在战壕内的射击平台位置很高，可以有效地防止越壕的坦克重心靠后掉进壕里，等于是起到了桥梁的作用，这真是没有想到的便利。至于战壕里的那些德国兵，他们完全被打了一个措手不及。

在第一道战壕边上，A2号坦克冲在了A营的最前头，它是该坦克所在小队长理查德·韦恩（Richard Wyne）上尉的座车。这辆Mark IV型坦克在准备投放柴捆时被一发炮弹直接命中，车里的人非死即伤，重伤的韦恩鼓起余勇，拆下1挺机枪冲向就近的一个德军火力点，独自一人攻下了那里。接着，他在那里操起德国人的重机枪朝敌人逃跑的方向射击，直到失血过多而死。

首批坦克突破后，32辆负责切割铁丝网的坦克发挥了装在前部的铁犁的作用，在几小时里清理掉了大部分铁丝网，从中开辟出了3条各宽55米的通道，使得后续的各兵种能够在坦克突破第一线后迅速跟进。

此战中，富勒还搞出了一种坦克和步兵间协同的战术。办法是在部分坦克后部装上摇铃，或者挂上用于敲击车身的铁铲或者橇棒，当跟在坦克后面的步兵发现敌军火力点时，便通过摇铃或者敲打车身的方式通知车长注意。除了这种相当原始的"通讯方式"，车长还可以指望着坦克内携带的两只信鸽起到通联作用，当然，前提是这些小鸟没有被舱内令人窒息的有毒气体熏倒的话。

这一天的突破很成功，甚至出乎战役设计者的意料。当冬日的黄昏早早地来到时，参战各部已经成功突进平均8千米的纵深，最远处达到了9.6千米。这个成绩是在10小时左右里取得的，而在第三次伊普雷斯之战中，英军达成这段突破距离足足耗费了3个月。有人认为，仅仅凭借这组数字，康布雷之战就值得英国国内的教堂大钟长鸣来庆祝一番。

步坦协同的英军突破了两道德军战壕，抓了8000名俘虏，缴获了100门大炮；代价是有48辆坦克被击毁或有待修理，坦克部队有118名军官和530名士官及士兵伤亡或失踪，投入进攻的6个步兵师只有76名军官和2508名士官及士兵伤亡。

不过，虽然德军在康布雷之战的第一天被打蒙，但他们没有被打溃，依靠后续部队的跟进，德军很快就在第二天站稳阵脚，变得稳扎稳打。而英军这边，鉴于康布雷之战多少具有实验的性质，第3集团军并没有投入太多兵力的打算；在缺乏备用坦克和兵员的限制下，从第二天开始的战斗便不复第一天的那般突破效果，似乎又回到了西线对峙的老路子上。

当然，坦克还是取得了一些成功。比如G营夺取了地处战场西北端的安纽（Anneux）村；H营在步兵的积极配合下，经过一天恶战于夜色降临时冲进了方丹诺特达姆（Fontaine-Notre-Dame），这些地方都曾是德军的坚固据点。11月22日这一天，坦克部队进入休整。到了23日，又有90辆坦克参加了围绕着这些村落和林地的拉锯战，但无明显战果。康布雷之战此后继续有零星交火，一直持续到11月底。

虽然康布雷之战不免被戴上"虎头蛇尾"的帽子，但是坦克的价值第一次真正突显了出来。英国坦克第一次如它的创造者所设想的那样被大批量地集中投入作战，这样做的好处彰显无遗，并将影响后世。康布雷之战成为战争史上第一次大规模的坦克战，军事理论家富勒在战术和组织上的一系列安排将持续多年成为各国参谋部的学习对象。

天气在康布雷之战之后愈发变冷，经过基本平静的"冬季无战事"，英军各坦克营的装备和兵员都恢复到了基本满员的状态。这时，坦克部队共编成了15个营，而其以字母命名的方式在1918年初变更为以阿拉伯数字命名，番号从第1营到第15营，而营内各连则改为以字母命名，连内的小队番号依旧是数字。同时，英军计划再组建3个新的坦克营，并把每个坦克旅的实力由3个营增加到6个营。需要注意的是此时期坦克营的坦克数量较之前已有明显增加，而且分两种配置规格，一种是装备65辆坦克，另一种是装备48辆坦克。

1918年初春采取主动的不是协约军，而是德国人。在突如其来的打击下，能够结束休整状态并紧急调往前线去迎击这场德军大反攻的，就只有第4坦克旅。该旅的第4营于1918年2月进抵交战区域，到3月中旬完成下辖的4个小队的部署，继而针对德军在这次春季攻势中实施有效的"突击群"战术而采用了一种新颖的阻击战术。

这几个小队的坦克全部施以厚重的伪装，然后在英军战线上分散埋伏。战斗打响后，它们将一直伪装到最后一刻，直到德军的突击群摸进至自己身边，坦克乘员们才会突然去掉伪装并开火。之后，在判明敌军的主攻方向后，营部将把剩余的坦克集中起来使用，对德军发起反突击。这种战术被坦克部队司令部称作"凶狠的野兔"，预计将有效瓦解德军突击群的渗透战术。

但理想和现实总是有差距。德军突击群在3月21日向第4坦克营所在的设防地段发起了进攻，而第4营完全被打了个措手不及，突击群来得如此迅猛，不少坦克乘员还没能钻进自己的坦克里就被打死或打伤了。有少数一些"凶狠的野兔"发挥了一点作用，但远不足以阻遏德军推进。相反，这些独自作战的坦克很快就在战斗中用光了燃油和炮弹，车长因为找不到补充品而只得下令焚毁坦克。唯一令"野兔"们欣慰的是，第一天的战斗下来，德军也开始尽量避开这些"野兔"；不过事实上，突击群的行动极为灵活，"野兔"就算发现了他们，也根本来不及跟上他们行进的节奏。

这时，第5坦克营也投入了战场，但他们的境遇更糟。该营被一条索姆河的支流科隆河（Cologne River）同第4营分隔开来，两营间彼此无法呼应。而当第5营在被突击群全面渗透、继而想撤退时，却只能望着被先行撤退的步兵炸断的桥梁发呆，最终除了有3辆坦克撤出外，其他坦克不是被德军缴获，就是被自己人烧掉了。

德军对此地的反击只进行了三天，第4和第5坦克营就基本丧失了战斗力。当然这是指坦克而言，两营的人员损失很少，于是这些坦克乘员们被临时编成了机枪分队，又重新回到前线参战。在这种被动参战的情况下，许多人倒是表现出了十足的勇气。

至于第4旅的另一个单位第6营，该部当时正在接受换装一种新式武器"小赛犬"式（Whippet）坦克的训练，还来不及赶赴前线。"小赛犬"是英国军工部队的最新成果，如果说此前的主力装备Mark IV型坦克是一种重型坦克，那么"小赛犬"就定位于中型坦克。这款坦克装备4挺哈乞开斯机枪，乘员组降到4人，以小巧、灵活、快速为特征。

它的第一次实战检验在3月26日到来，有12辆"小赛犬"提前送往战场，它

"小赛犬"坦克和步兵擦肩而过

"小赛犬"在战场上的灵活性要好于重型坦克

们被派往第3集团军的阵地并堵住那里一个宽为6.5千米的缺口。在那里，它们和大约300名正朝科林坎普（Colincamps）村前进的德国步兵不期而遇，德国人一看到这种他们从未见过的东西（Mark IV型坦克对他们来说已经算是熟悉面孔了），就四散而逃。

总而言之，德军以步兵新型突击战法为主的春季攻势一度大获成功，在几乎没有坦克和火炮支援的情况下，居然能够打入英军战线内部64千米之多。不过这样远的推进距离也给德国人造成了困扰，后勤线完全跟不上需求，不断突击的前锋突击群逐渐显出疲态而成为强弩之末，拉长的突出部同时暴露出了危险的侧翼……就这样，一场大有希望的反攻，由强变弱，及至于无了。

为什么上文提到德军的反攻"几乎没有"坦克的支援呢？这是因为，实际上德国步兵是得到了一些坦克的支援的，而且就是英国坦克！

　　其实在3月21日，德军就投入了少量缴获的英国Mark IV型坦克，而这些坦克基本上是掳自康布雷战场的。交战的最初几天里，受到轻微损伤的英国坦克都能够自行开回战场，而被重创的则由保障单位想办法拖回本方阵地。但在随后

◈ 这是德国人手中的*Mark IV型*

◈ *缴获的英国坦克并没有在德军手中发挥太大作用*

几天里，随着德军反击的加强，坦克由集中使用转变为小股行动，战场抢修的条件也随之变差了。结果，许多无法行动的坦克就成了德国人的战利品，据估计至少有50辆受创程度不同的Mark IV型坦克落入了敌手。

德国人从战场上搬离动弹不得的坦克的办法颇具创意，他们使用一种特制的平板运输车，先由4具千斤顶把坦克整个顶离地面，然后以运输车的平板插入坦克底部，装稳后再将其运离战场。下了火线的英国坦克由火车运往比利时的沙勒鲁瓦（Charleroi）进行大修，据信至少有30辆被完全修复。其中F营的F41号坦克还在成功修复后被运至柏林，于1917年12月19日先是接受了德皇威廉二世等皇室成员的检视，继而送往柏林动物园同其他的战利品一道供市民参观。

剩下的那些英国坦克很快被涂上铁十字标志列装部队，参与了1918年的春季大反攻，不过它们在战场上的表现无法令人满意。德国人赋予英国坦克的任务同样是支援步兵推进，但既然突击群的本质是速度和灵活性，行动缓慢的Mark IV型坦克很快就被步兵落在了后面，结果有多辆被英军的炮火击毁。

⬢ 德军以缴获的Mark IV型坦克投入作战

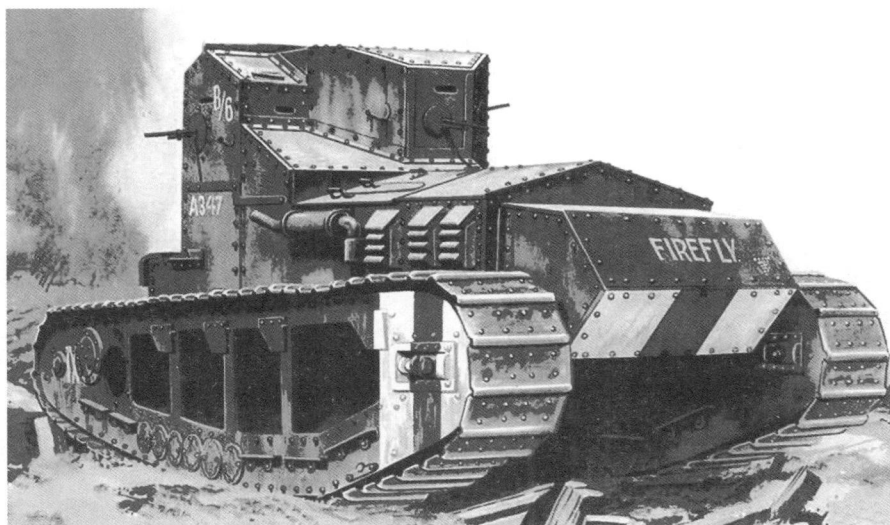

◈ 艺术家笔下的"小赛犬"

◈ 这辆被德军缴获的坦克已经涂上了铁十字标志

⌃ 行经西线某地的一辆Mark IV型坦克

⌃ 检修状态下的Mark IV型坦克

⌃ 战斗间歇的施奈德坦克车组

⌃ 一次战斗后受到公众围观的圣沙蒙坦克

⌃ 在Mark IV型坦克旁检视德军反坦克枪的英军士兵

⌃ 英军设在法国的战地坦克修理车间

第十九章
1918年4月至6月：坦克对坦克

当然，在战场上饱受英国坦克刺激的德国人不可能满足于捡一些"破烂"回来修复凑数，他们的装备研发部门从1917年开始也展开了自己的坦克研制工作，不过进度并不喜人。到了1918年初，德国历史上的第一种坦克——A7V重型坦克才总算是装备了部队。而从那时开始，只有交战一方拥有坦克的局面终于发生了改变，尽管交战另一方所拥有的坦克无论在数量上还是质量上都完全不与对手在同一等量级上。

第一批A7V保持着出厂时的铁灰色，从1918年春季开始，德国坦克尝试采用一些迷彩涂装。比较典型的是在铁灰底色上加涂土黄色和深褐色。到了9月，又改用赭色、红棕色和暗绿色的涂装。

坦克车体上绘有德国国家标识的黑色十字图案，这个黑十字起初在车身前部、后部和两侧各涂1个，顶部涂2个；后来改为在车身两侧涂2个较小的黑十字。车身前部或两侧还涂有坦克所属分队的番号及本车编号，部队番号采用罗马数字，本车编号采用阿拉伯数字。

1918年5月开始，本车编号的数字外面又多了一个圆圈，其颜色则因部队而异。其中，第1和第11分队白色，第2和第12分队红色，第3和第13分队黄色，第14分队蓝色，第15分队绿色，第16分队棕色。

在发生了德国炮兵误击A7V的事件后，军方开始在A7V车身上加涂明显的白色以供识别之用；到了10月以后，一些坦克更是将黑十字的区域全部涂成了白色，在整体迷彩中显得极为突兀。

一战德国坦克的特色是大都拥有自己的昵称，其名字一般用白色涂在车身前部，比如巴登一世（Baden I）和哈根（Hagen）等。有时，乘员们还会从座车昵称的含义入手，把相关的衍生图案涂在车身上。有趣的是，德国人延用英国人以"雄性"和"雌性"称呼不同武装型坦克的做法，在给缴获来的英国坦克取名时，分别采用男性和女性的名字。

从戴姆勒工厂接收A7V之后，第1突击坦克分队成为第一支进入战场的德国坦克部队。该部于1918年1月5日进驻色当，加入那里的第5突击营，进行强化训练。第5突击营全部由老兵构成，他们负担着训练精锐突击群的任务。

然而，正是这次充满希望的训练，证明了A7V刚"出生"就已经过时了。

在这接近前线的地方，被寄予厚望的新式武器暴露了大问题。第5突击营营长罗尔（Rohr）少校指出，A7V只适用于未遭大规模炮击破坏的平整地区。众所周知，此时的西线早已被双方的炮击成了"月球表面"，"平整地区"已经是稀缺资源了。另外，和1916年时平均宽度为1.5米的战壕相比，1918年的战壕宽度已普遍达到4米左右。A7V糟糕的越壕能力，将让它在战场上的行动大受限制。

这份报告直呈鲁登道夫案前，将军失望地写道："我无法用良好一词来描述它给我留下的印象。"其结果是德军最高统帅部在1918年3月的命令中规定：A7V的量产在完成20辆后即行终止，其余底盘可继续生产，不过用于改造变型车。于是，"乘员最多"的坦克又有了一项记录：在未参加实战前，其量产已告终结。

🔺 在战场上发生侧翻的A7V坦克

1918年春天，德军拥有了5个突击坦克分队：装备A7V的第1、2、3分队，和装备缴获的英国坦克的第11、12分队。这是一战德国坦克史的另一尴尬现象：对本国坦克制约多，而对战利品青睐有加。很快，德军还将组建第13至16分队，也都使用英国Mark IV型坦克。

可以说，德军高层对英国的坦克发展一直艳羡不已，以致当一辆完好的Mark IV型在1917年12月落入德军之手后，连德皇威廉二世都在第一时间赶来参观。而在A7V的试制过程中，这位皇帝则从未光临过。因此，每次战役中德军士兵都要冒着生命危险，在战场上尽量收集可用的英国坦克。

现在，虽然期望值已大为降低，但是最高统帅部还是打算在即将到来的大攻势中，把这些力量全部打出去。这可是一场决定德国前途的决战，因为要赶在美军加入战场前，彻底把英法主力打垮。

遗憾的是，当这场协约国称之为"米夏埃尔攻势"，德国人自己称作"皇帝会战"的最后总攻打响时，只有第1分队和第11分队做好了战斗准备。这支显然无法给人留下深刻印象的装甲力量，与第5突击营配置在一起，将作为第36步兵师的矛头，对圣昆廷（St Quentin）地区发起突击。

1918年3月20日开战前夜，第1坦克分队指挥官格雷夫（Greiff）上尉视察了自己的部队。他和车组成员们一一握手：来自工兵部队的驾驶员和机械师，来自野炮部队的炮手和装填手，来自步兵部队的机枪手。他给大家鼓劲儿说："诸位已自成帝国陆军一个新的兵种，照亮明天战场的，除了法国的阳光，还必将有你们的勇气！""新的兵种"成员对此报以热烈的掌声。

清晨来到了，不过并没有见到"法国的阳光"。当天一早大雾弥漫，而德军自凌晨4时40分起就展开的炮火准备，让战场愈发呈现出一派朦胧的景象。

3月21日上午9时30分，炮轰已改成徐进弹幕射击，德国步兵开始前进，突击的命令在这时下达了。"坦克，前进！"这句著名的口令第一次在德军中响起。

可惜，在长达80多千米的攻击线上，德军能够投入的坦克只有9辆，其中4辆是A7V。第1分队本来有5辆A7V，但是有1辆在凌晨时突然抛锚了。还没有来得及喷吐火舌，就有2辆A7V被带倒钩的铁丝网缠住了，极低的能见度无疑是罪魁祸首。这个分队的剩余兵力——2辆A7V——接到命令原地不动，等到云开雾散再行动。

第11分队的出发时间比第1分队迟了10分钟，由于浓雾和硝烟笼罩，这些英制坦克推进得异常缓慢而谨慎，很快就和突击群的步兵们失去了联络。11时30分许，"法国的阳光"照射到了战场上，英军的炮击也随之而来。第11分队的2辆英国坦克被这轮炮火命中而动弹不得。第1分队的2辆A7V则开始支援德国步兵前进。

尽管德军的兵力比预想的要少，但是这些钢铁怪物的出现，依然使许多英国士兵大感恐慌。当英国步兵第一次看到德国坦克时，惊骇的程度丝毫不亚于在1916年首次看到英国坦克的德国人。于是，在本方早就开始使用此类武器的情况下，英国人依然跳出战壕，转身就跑。

初上战场的德国坦克分队做了细致的准备工作，他们为每辆坦克多配备了6~8人。战斗中，这些"多余"乘员不断跳下坦克，要么铺平过宽的战壕，要么搬开讨厌的障碍物，要么跑来跑去地向周边的步兵或其他坦克传递信息。

但那些一直待在车内的乘员们没有一丝舒服的感觉，他们很愿意和这些替补人员交换角色。初春时分，战场上仅仅微有暖意，然而A7V内的温度却高达60摄氏度！不仅如此，乘员们还要戴着防毒面具，忍受着火炮和机枪射击时所产生的弥绕在四周的有害气体。只有在较安全的地区，车长才会打开指挥塔的顶盖，让大伙透一口气。受罪的不仅是乘员们，一天的战斗还暴露了A7V自身的机械问题，几乎所有坦克都得马上接受检修，否则就无法再用了。

那些被称作"战利品装甲车"的英制坦克也好不到哪里去。第12坦克分队在4月初增援而至，但很快就于4月9日的一次进攻中，几乎和第11分队一道全军覆没。在利斯（Lys）河谷地区，它们遇上了泥泞的路面和猛烈的炮火，不是被击毁，就是陷在路上动弹不得。但最重要的是，德国坦克第一次在战场上亮相了。它所起到的震慑作用，令德军士兵们大感振奋。

德军在4月下旬重新拼凑起了自己的坦克力量，而装备着A7V的3个突击坦克分队也全部奉命上阵，准备分别配合3个步兵师投入到索姆河方向的进攻中，虽说有3个分队，其全部可用A7V的数量也只有13辆。

临战前，分队的编制被打散，代之以临时编组起来、分别配属到担任矛头的3个步兵师里的坦克大队，它们分别以各自的指挥官名字命名。其中，斯科普尼克（Skopnik）大队配属第228步兵师，兵力为第1分队的3辆A7V；乌尔林（Uihlein）大队配属第4近卫步兵师，拥有第1分队其余2辆A7V和第3分队的4辆A7V；斯坦因哈特（Steinhardt）大队配属第77预备步兵师，兵力为第2分队的4辆A7V。

虽然总产量屈指可数的A7V注定只是一战战史上的一颗流星，但是在它于战史中消逝之前，吓唬英国步兵之外，却能够把自己的名字刻在世界战争史上的一个光辉时刻里。那就是在3个突击坦克分队投入到索姆河地区之后，于1918年4月24日发生了一场交战，这场交战以人类战争史上的首次坦克对决而被载入了史册。

4月24日是一个战场上普通的星期三，从这天天还没亮的4时45分起，德国火炮便对法国小村布列东涅（Villers-Bretonneux）周边的104高地等地区展开了近一周来最为猛烈的炮击，落下的炮弹里面还混杂着毒气弹。接下来，在清晨的雾气缭绕中，德军如期发动了攻势，攻击的第一步便直指布列东涅，而双方士兵们从未见识过的一幕即将上演了。

位于阵线中央的斯科普尼大队自6时50分起开始推进，因为A7V坦克方方正正的外形，这种大家伙那时已经获得了一个外号叫"重型野战厨房"。10分钟后，该大队的3辆坦克——昵称"洛蒂"（Lotti）的527号坦克，昵称"阿尔特·弗里茨"（Alter Fritz）的526号坦克，没有昵称的560号坦克——就杀到了布列东涅村外的协约军阵地前，直指英军第207预备步兵团第3营。面对着"重型野战厨房"，英国人奋起抵抗了一阵，战至7时50分，他们再也扛不住了，于是纷纷逃跑，而有的人则成了德军的俘虏。

与此同时，乌尔林大队的开局也很好，A7V的突然出现令英国步兵惊慌失措。不过当雾气散去后，乌尔林的1辆A7V被英国野战炮打了个正着。到10时许，在A7V的支持下，德国步兵已完全占据了布列东涅村。接着，在战场的最南端，斯坦因哈特大队开始向凯茜（Cachy）村突击。

前进途中，昵称"尼克斯"（Nixe）的561号坦克出了点儿故障，车长威廉·布里茨（Wilhelm Blitz）少尉跳下车来，很快就排除了问题。在那之后，布里茨就指挥着他的坦克继续向前驶去，他不知道和自己属于同一量级的敌人正在打探着他的坦克。

就在几个德国坦克大队纷纷向布列东涅村突进之际，在布列东涅村的西侧正集结着一支混合了法国、英国、澳大利亚和摩洛哥步兵的部队，同时在场的，还有属于第3坦克旅的几辆Mark IV型坦克、1辆"小赛犬"坦克以及几辆法国人的坦克。

交战打响后，这些坦克正奉命向村中心移动。其中，弗兰克·米切尔

⬆ 列队行进的英军Mark IV型坦克

（Frank Mitchell）少尉指挥着他的小队向前开进，他本人所在的座车是1辆车身编号4086的Mark IV型"雄性"坦克，后面还跟着2辆Mark IV型"雌性"，车长分别是爱德华·霍索恩（Edward Hawthorne）少尉和韦贝尔（J.Webber）少尉。

　　由于之前受到了德军毒气弹的攻击，米切尔的同伴们正在受到这方面的困扰，他们的双眼因为少许渗入坦克舱内的毒气的影响而变得浮肿起来，即便努力透过观察孔向外张望，也有些看不清情况。在行进途中，就在米切尔奇怪怎么附近都没有自己人的步兵靠上来一起行动时，一名慌慌张张的上等兵朝他的坦克跑来了，口中大喊着："坦克来了，坦克来了！"

　　这时，是上午10时许。起初，米切尔还以为这个上等兵是在说自己，但在搞清楚他说的乃是来自敌对阵营的坦克后，米切尔就立即打起了精神。受到可以和同类交战这一前景的鼓舞，米切尔努力睁大红肿的眼睛四处察看，不一会二，他果然看到了——一辆涂着花色迷彩的德国坦克。

　　这名英国坦克车长后来回忆道："乍一眼看去，那就好像是一个趴伏在地上的怪物正在缓慢爬行，它身后不远处稀稀落落跟着一些德国兵。在它两旁更远一些的地方，还可以看到另外两个一模一样的钢铁乌龟。我们没有见过这种东西，这确实是德国人自己造的坦克！我们终于遇上真正的对手了！"

米切尔所看到的打头的那个"钢铁乌龟"正是由威廉·布里茨少尉指挥的"尼克斯"。米切尔继续观察着，这辆德国坦克行驶在自己东南方向上约500米远的地方，车体正面还涂着两个白色的V。在英国人看来，白色的V（指代胜利）暴露出了德国人自大的性格，实际上，这个V的意思是这辆坦克是其所属大队的第5辆车。

米切尔和他的部下们此前从未被上级告知过敌人的坦克长什么模样，更不用说知晓它的性能或弱点了，英国宣传部门一直强调自己坦克近乎无敌的特性，说坦克是"可以令战事周期缩短的神奇武器"，这些倒是使米切尔在面对德国坦克时充满了自信。实际上仅就武器而言，A7V是一个危险的对手，它的弹仓里配有30发穿甲弹，在恰当的距离上，这种穿甲弹不是包括Mark IV型在内的协约国坦克所能抵挡的。

为了寻求好一点儿的开火位置，米切尔指挥他的Mark IV型坦克向前移动了一段距离，坦克驶过了英军第419预备步兵团的阵地，炮手们在6磅炮后方蜷起身子，做好了发射准备。在这段时间里，打头的"尼克斯"停在原地，似乎完全没有觉察到英国坦克的存在。又看了一会儿，米切尔下令向开火，于是史上第一次坦克对决上演了。

米切尔的4086号坦克背倚着一小段铁丝网，车体右侧的炮手麦肯齐（J.R.Mckenzie）士官向目标打出了第一发炮弹。弹着并不准确，它在"尼克斯"后面一点儿的硬地上爆炸了。接着麦肯齐又打出了第二发，这枚炮弹划过了德国坦克的右侧，飞到不知哪里去了。

英国坦克连续打了两炮，可是A7V居然没有任何反应。正忙于和乘员们查阅地图的布里茨中尉，甚至没有注意到有人在向自己开火！有意思的是，在这场史无前例的坦克决斗中，这位德国坦克车长名字的意思是"闪电"，而在下一次世界大战中，德军的以坦克为突击主力的"闪电战"将成为最著名的战争名词之一。

当然，德国坦克车组没有注意到自己已经成为敌人活靶的情况并没有持续太久，或许是得到了本方步兵的善意提醒，随后德国坦克反应过来了。虽然视线受到炮击烟雾和英国坦克背靠着的树林的影响，"尼克斯"里的布里茨还是迅速看到了英国坦克，这让他非常吃惊，他立即下令调整位置以便迎战。至此，史上最早的坦克战由英国坦克的偷袭进入了英德坦克互搏的阶段。

就在麦肯齐准备打出第三发炮弹时，4086号"雄性"却突然遭到一阵机枪子弹的袭击，机枪的位置就在附近，舱内可以感受到明显的撞击，而且坦克金属内壁随之迸飞出了少量金属碎屑，所幸无人受伤。米切尔大喊着加速向前，驾驶员猛打操纵杆，向那一处机枪阵地中央压了过去。

这时，双方的交战距离已不足1000米，原本离"尼克斯"较近的另外两辆A7V却因为开去了别的地方而无法参战，因此德国坦克在数量上处于以一敌三的绝对劣势。尽管如此，这辆德国坦克却在随后的对抗中丝毫不落下风，而英军阵中只配有机枪的两辆"雌性"坦克则被它打得毫无还手之力。

"尼克斯"的57毫米火炮很快就取得了命中，而且是连续击穿了两辆"雌性"。一名得以活下来的"雌性"坦克乘员回忆当时的情景，"我们的坦克几乎被震离地面，舱内顿时充满了炫目的闪光，金属破片四处飞溅，驾驶员一声不哼地就死掉了。"不过，有一辆遭受重创的"雌性"带着巨大的弹洞仍能够缓缓地向后移动，这一幕让附近的米切尔看得十分惊讶。

在此期间，米切尔的"雄性"坦克又相继打出了4发炮弹，可是仍然无一命中，其中有2发落在德国坦克身前一点点远的地方。德国人的机枪子弹仍然从多个方向袭来，子弹打得坦克车体乒乒作响，这也干扰到了炮手的瞄准。

但是米切尔的好运气随后到来了。"雄性"坦克对A7V射出了自己的第7发炮弹，而这一次就直接取得命中。这枚6磅炮弹正好钻进"尼克斯"正面装甲的右侧区域，在紧挨着主炮旁边的位置上爆开了花，立即杀死了德国坦克的主炮炮手当场阵亡，另外2人重伤，还令3名乘员轻伤。

英国坦克再接再厉，接着又以左侧火炮对A7V取得两发命中，弹着部位全部在其车体右侧，这一回，德国坦克彻底停顿了下来。坦克中弹后，燃料箱和弹药箱都处于随时会发生殉爆的危险中，情况岌岌可危，加上机枪手们的慌乱表现，布里茨只得下令弃车。德国乘员们纷纷爬了出来，逃离时居然还不忘把坦克里的1箱手榴弹和几个炸药包给抱了出来。

看到这一幕的米切尔非常振奋，而作为一名刚刚战胜了同级别对手的坦克车长，米切尔并不打算放过他的德国同行们，他让炮手照准德国坦克的侧面再补上一炮，同时命令机枪手们开枪射杀那些德国人。德国坦克手已经离开了他们的坦克，处于无武器和无抵抗能力的状态，这时下令机枪手射杀他们，属于战场上的非人道行为。后面这道"极不光彩"的命令让英国机枪手们感到了困惑，因此也就没有得到认真地执行，那些德国坦克乘员全都逃向了后方。接着，米切尔便指挥自己决斗得胜的坦克退到附近的林子里去了。

英国坦克赢得了这场小规模但却是划时代的遭遇战的胜利，英国战史骄傲地宣称"这辆A7V被彻底击毁，德国坦克兵打开舱门逃跑"。德国战史却写道，"这辆A7V仍能开回去……" 英国方面的说法是不实之词，因为米切尔并没有看到后面发生的事。在注意到英国坦克的离开以及自己的A7V并无爆炸迹象后，布里茨又带着自己的人登上了"尼克斯"，顺利地重启引擎并向后方开了足有2千米远，一直到被打破的油箱漏得一滴不剩时才停下。当天晚上，德国人把这辆坦克拖回了阵地。

这天上午11时过后，就在史上第一场坦克对决结束后不久，在战场上占据优势的德军全面进占了布列东涅村。而在那之后不久，又爆发了史上第二场坦克对决。在"第二回合"中，德国方面上场的自然还是A7V，而英国方面则换成了7辆较为轻快但火力也较弱的"小赛犬"式中型坦克，这些开上战场的"小赛犬"正准备痛击德国第77预备步兵师。

为了夺回布列东涅的控制权，米切尔的坦克和7辆"小赛犬"奉命于11时30分发起反击，它们很快就在村外遇上了两辆德国坦克，也就是米切尔少尉之前曾经远远望到过的那"两个一模一样的钢铁乌龟"：昵称"齐格菲"（Siegfried）的525号和昵称"施努克"（Schnuck）的504号A7V。

这次，米切尔很不走运。德国步兵引诱英国坦克进入了一个伏击圈，等候在那里的525号坦克"齐格菲"迅速行动了起来，而在"齐格菲"迎前交战之际，"施努克"不知出了什么问题却留在原地没有动，不过即便只有1辆A7V参战，就已经够英国坦克受的了。事实证明，用只配有机枪的"小赛犬"去挑战德军的"重型野战厨房"是多么欠考虑的安排，而在这场貌似英军占有数量上7比1的优势的对决中，得以占据上方的并不是英国人。

尽管位置靠前的"小赛犬"不停地用机枪朝站过来的德国坦克开火，但是"齐格菲"完全不为所动地全速驶近，直到距离打头的英国坦克只有200米远的地方才开启火力。结果"齐格菲"发出的第二发炮弹就取得了命中，炮弹砸入A256号"小赛犬"的车体，令这辆英国坦克迅速迸发出烈焰。

接着这辆A7V转动方向，把炮口指向700米外的A255，同样在第二发取得了命中，这辆"小赛犬"也同样无可救药的剧烈燃烧起来。然后"齐格菲"用自己的机枪集中射击A 244号，结果也将它打得瘫痪在地，继而起火。

目睹这种一边倒的情景，剩下的4辆"小赛犬"不敢恋战、掉头而走。就在那时，恢复了正常的"施努克"赶到现场，并开炮打中了A236号。有幸保持完好的A233、A277和A286号仓皇逃回本方阵地，这时它们比重型坦克更为轻快灵活的优势倒是得以展现出来。两辆德国坦克尾随而至，不过受阻于英军猛烈的炮火，最后选择了掉头退却。

就这样，在场坦克交战中，"小赛犬"式的机枪几乎毫无用处，"齐格菲"则尽显火力优势。A7V在这一次对决中大获全胜，算起来，英国坦克和德国坦克在战争史上的头两场PK中打成了1比1平局。

在这第二场交战结束后，那位精力旺盛的英国坦克车长米切尔少尉再度现身了，他指挥着自己那辆依旧完好的Mark IV型坦克，准备偷袭得胜归来的"齐格菲"和"施努克"。不过，正当炮手认真瞄准"齐格菲"时，德军的炮火却齐齐向他这辆"雄性"袭来。这并不奇怪，因为米切尔的坦克已经是在布列东涅战场上能够看到的唯一的英国装甲目标了。

面对来自四面八方的火力，米切尔只得下令全速逃离，在他的坦克采取之字行进以躲避炮击时，甚至还有1架德国飞机赶来实施协同攻击，它低飞在距地面只有30米的高度上，这几乎比本方火炮的弹道略微高了一点而已。结果，飞机投下的炸弹在英国坦克正前方开了花，令它的前半部车体被猛地抬离了地面。接着，德军中的第5近卫掷弹兵团打出密集的迫击炮，经过数发近失弹，1

◆ 在巴黎协和广场展出的A7V坦克542号"阿尔弗雷德"

枚修正弹道后的炮弹不偏不倚地打断了4086号坦克的一侧履带。这次轮到米切尔下令弃车,然后,他们躲入了附近的一座残破的教堂。

4月24日白天的战斗结束时,德国人获得了战场上的局部胜利,他们占领了布列东涅村,令英国坦克损失惨重,而德军自己只有2辆坦克无法使用。506号坦克"摩菲斯特"(Mephisto)掉进了一个大弹坑里,而542号坦克"阿尔弗雷德"(Elfriede)陷进了沙坑。

到了夜里,当A7V坦克分队后退时,德军在白天取得的阵地就又被澳大利亚步兵的反击给夺了回去。而且,德国人试图拖回或者炸毁"摩菲斯特"和"阿尔弗雷德"也未获成功。

"阿尔弗雷德"在5月下旬被法国第37步兵师运走,成为第一辆落入协约国手中的A7V。它被送到巴黎,和其他德国武器一道在协和广场露天展出,之后在1919年初被用作射击测试。

至于"摩菲斯特",则在两军间的无人区一直静静地躺到7月14日,才最终被澳大利亚部队宣布为战利品。这辆A7V车身上涂着一个鲜亮的标识图案:腋下夹着一辆英国坦克的红色魔鬼(坦克画得像冲浪板)。这个图案的寓意和其宿主的命运恰好相反。《浮士德》中的"恶魔"被运回了澳洲,被妥善保管至今,成为当世仅存的一辆A7V。

1983年,德国人曾试图把它买回来,不过被澳大利亚人拒绝。从1987年4月起,历时三年,集多家大公司之力,德国人重新复制出了一辆A7V,并把它保存在明斯特(Munster)的德国坦克博物馆里。布列东涅之战以其高度的戏剧性成

◀ 落入澳大利亚部队之手的A7V坦克"摩菲斯特",士兵们已经在其车身上绘制了象征胜利的图案:英国狮脚踏德国坦克

了一战坦克战中的一个小高潮，而专属于法国坦克的高潮时刻则于1918年5月28日到来。这一天，法国突击坦克首次与美国步兵协同作战，攻打地处亚眠东南方30千米处的坎特格尼（Cantigny）村。当时赴欧洲大陆参战的美国人还为数不多，德国人对其战斗力不屑一顾，协约国方面对这个新战友的能力也多持怀疑态度，因此这一仗在战史上别具其独到的价值。

5月28日清晨6时45分，3个"施奈德"中队的12辆突击坦克率先进攻，隶属于法军第1集团军的美第1步兵师随后在仅有2千米宽的正面上采取行动。3个坦克中队分别从三个方向上前进，被其逼退的德国步兵逃入村中的建筑物中，但这些房屋旋即遭到坦克炮的轰击。战斗只持续了2小时便告结束，德军防御土崩瓦解，参战的"施奈德"坦克无一损失。

攻克坎特格尼，极大地改善了协约国军队的补给线态势，再一次证明了步坦协同的威力，也提升了美国大兵的形象。法第1集团军发布自豪的公报称："在法国坦克支援下，美军漂亮地夺取了村内的坚固据点，俘敌170人，缴获物资无算。"

在突击坦克于坎特格尼取得成功仅仅几天之后，另一种法国坦克也迎来了初登历史舞台的时刻——雷诺FT-17型轻型坦克开上了战场。

1918年2月初，已经有108辆雷诺FT-17被运抵设在尚普留（Champlieu）的训练场，法国坦克车组在这里第一次展开了针对性的训练，不过这批坦克全部没有

◀ 雷诺FT-17轻型坦克跃出阵地的一瞬

▲ 雷诺FT-17的参战给西线战事注入了新的内容

加装武装。法军在2月18日编成了自己的第一个轻型坦克营即第1营，到3月21日为止接收了75辆FT-17满编，不过依旧全部没有武装。在这个3月，法军又编组了另外两个轻型坦克连，不过还没有能用的坦克。按照编制规范，轻型坦克营下辖3个连，共计75辆FT-17，这75辆是由30辆37毫米火炮型、41辆机枪型和4辆无线电型构成的，但在之后的实际操作中，几乎很少有哪个轻型坦克营达到过这样的理想混编状态。为FT-17配套提供武器——无论是火炮还是机枪——的工作总是落后于时间表，而装有无线电的型号不会早于1918年7月出厂。

正是在这个3月下旬，德军在西线发起了其最后的大反攻，反攻的兵锋直接威胁到了法国坦克基地尚普留，德军的进攻直接影响到了雷诺坦克营的编组工作，法军司令部改而要求在4月里令最初的轻型坦克部队达成整编战斗状态。

FT-17的交付情况到4月初有了明显改善，法国工厂已经累计向法军交付了453辆FT-17，不过其中只有43辆完全做好了战斗准备，另外122辆还在等着武器到达，还有248辆的车体状况还有待陆军的接收。

集中使用大规模坦克集群突击敌阵一直是英法两军的追求。艾斯丁尼就曾经建议贝当，等到把雷诺FT-17的数量储备到足够多时再将其投入战场，贝当非常赞成这个建议，他准备到手里拥有12个轻型坦克营（也就是说超过1000辆

FT-17）的时候再把它们一举掷出。不过由于生产延误，法军到5月1日时只接收了432辆状态完好的FT-17，用它们装备了6个轻型坦克营。不管怎样，在手里已经有了一把底牌的情况下，法军在5月里决定编组更大的轻型坦克单位，奇怪的是这种新单位被称作"特种炮兵团"，每团下辖3个轻型坦克营和相关的支援单位，第一个完成编组的是第501特种炮兵团，下辖第1、2、3轻型坦克营。

第501团很快开赴前线，以超过200辆FT-17的力量前去支撑曼金（Mangin）将军麾下的6个步兵师，这些法国部队正在苦苦抵挡德军的进攻。5月31日，雷诺FT-17型轻型坦克第一次投入战斗，第501团的三个营各以30辆坦克左右的坦克群参战，它们在普罗西-夏塞勒（Ploissy-Chazelle）地区伴随摩洛哥士兵的战斗中表现得相当不错，没有辜负法国人对轻型坦克的期望。较小的体躯和可以旋转的炮塔令FT-17可以在林地里从容行动，而英军和法军的重型坦克在这种地貌条件下则基本无用，所以FT-17的到场令协约国的步兵们大受鼓舞，尽管他们对于步坦协同的理解还仅仅处于初级水平。

6月1日，轮到德军再次集中运用坦克，但当日受命冲击德拉波佩要塞（Fort de la Pompelle）的第1分队却很倒霉。出发前，有2辆A7V因为机械故障动弹不了，而在发起攻击的3辆坦克中，527号坦克"洛蒂"（Lotti）被炮火直接命中，526号坦克紧接着步其后尘。难得的是，"洛蒂"就在它被击中的地方静静地躺着，一直到1921年才被当地村民发现！

在坎特格尼和夏塞勒的战斗后，法军在6月又组织实施了坦克集群一级的大规模战斗。当时法军第10集团军准备向圣马尔（St Maur）和默特梅尔

表现A7V坦克527号"洛蒂"作战场面的画作

（Mortemer）方向发起逆袭，同时准备投入一支规模空前的坦克部队，计划投入4个步兵师，每个步兵师都将配备1个坦克集群！

具体部署如下：第3集群（第1、6、10、15大队的48辆"施奈德"）支援第152师，第10集群（第33、36大队的24辆"圣沙蒙"）支援第129师，第11集群（第32、34、35大队的36辆"圣沙蒙"）支援第48师，第12集群（第37、38、39大队的36辆"圣沙蒙"）支援第165师。这时，法军坦克集群的番号已不再以指挥官命名，而是采用标准序号，这个细节也反映出这支部队正在不断发展壮大。

法军在6月11日晨先采取密集炮火准备，继而施放烟雾，到了上午10时，各集群的坦克便一拥而上。第10集群是最先接敌的，由于事先未判明隐蔽的敌军炮兵阵地，有十余辆坦克相继被毁，不过该部继续进攻，有力配合了步兵的推进。

第11集群不仅继续攻克多处据点，还有效保护了困境中的坦克。有数辆"圣沙蒙"一度陷入挥舞着轻重枪支和手榴弹的德国兵的包围，但是法军步兵的及时跟进得以化险为夷。

第12集群成功突破了德军机枪阵地，对藏身于灌木之中的火力点采取逐一击破的战法。尽管突击坦克在随后的战斗中亦蒙受了不少损失，但战至下午便完成作战任务。

唯一装备"施奈德"的第3集群是受创最重的。由于受到来自几个方向的炮击，这支部队有多达24辆坦克被毁，另有7辆不同程度受损。

总体而言，各集群在这一天的得到大于付出，虽然不可避免地招致了坦克的损失，但是最终达成了战役目的。就战术层面而言，法军的步坦协同战术较此前又有完善，坦克车长们在战前就被明确告知："当步兵攻上去时，坦克也得想法跟上去。"在战斗中，他们也就是这样做的。

另一方面，步兵们则开始灵活地寻求坦克的配合，第152师的一名士兵就记录道："烟尘四起。突然间，在教堂的一堵墙后面，我们的坦克出现了。我们迅速跑过路口，用手中的武器不断射击，终于吸引了坦克的注意……"

⌃ 1辆新出厂的Mark IV型正展示如何摧毁面前的障碍物

⌃ 正向前线开进中的A7V坦克

⌃ 满载英法坦克的军列驶向战区

⌃ 艺术家笔下的A7V

⌃ 战时全力以赴的英国坦克工厂内景

⌃ 正在冲击一处法国小村的A7V坦克

第二十章

1918 年 7 月至 11 月：
凡我触者，皆燃烧

　　布列东涅村的战斗之后，英国坦克部队又迎来长达数月的休整期。在此期间，一种新的坦克运抵法国，这就是Mark V型。这个型号从外观上来看犹如加长版的Mark IV型坦克，它主要是针对着Mark IV型改良了操控性和增加了操作人员的舒适度，同时在行驶性能上有显著提升，其他配置区别并不大。总产量在400辆左右，和之前的型号一样同样有"雌雄"之分，"雌性"和"雄性"各200辆。

　　最初接收这种坦克的是第8营和第13营，普遍的评价是"性能可靠、部件耐用""越壕性能更佳"，不过"似乎车内环境比Mark IV型还要更糟糕一些"。新坦克的机动性能给乘员们留下了深刻印象，第8营的一位小队长写道："你大可以跟在Mark IV型后面闲庭信步，不过想跟在Mark V型后面散步？恐怕你得抓紧小跑一阵了。"

　　英国坦克在布列东涅之后的第一场战斗，也是有新坦克Mark V型参与的第一场战斗，发生在1918年7月4日的哈梅尔（Hamel）之战，而这次战斗是英国坦克继康布雷之后所取得的又一次成功，被英军官方认为是"从各个方面看都堪称一战坦克作战的典范战例"。

　　最早接收了新坦克的第8和第13坦克营参与了当天的战斗，其任务是支援澳

▲ 战场上的Mark V型坦克

大利亚第4步兵旅，有意思的是，这是澳大利亚人继1917年4月在阿腊斯城外那次不成功的尝试后，再度和坦克的近距离配合，所幸英国坦克这次的表现恢复了澳大利亚人对于坦克的信心。

这次作战的计划仍然由富勒上校制订，这或许在某种程度上说明了为什么英国坦克能够在此战中获得成功。计划中的亮点包括：开战时先由炮兵徐进弹幕射击，步兵跟着弹幕推进，坦克紧随在步兵之后；每辆坦克都载有提供给步兵使用的弹药和饮用水，以延长步兵的作战距离；指定4辆坦克充当"补给车辆"，它们特地运载着铁丝网，以便在夺取德军战壕后可以就地扎网固守（富勒特别计算指出，这4辆坦克所携带的铁丝网，如果换成人力来扛的话起码需要1250人）。

7月4日上午，包括4辆"补给车辆"在内，计划参战的60辆Mark V型坦克全部按计划投入了作战。新坦克的可靠性从这时就开始表现出来了——没有坦克在集结开进的过程中"掉链子"，这种情况以前还从来没有出现过。英国军事理论家和战略家利德尔·哈特得意评价道，"这是第一次，所有坦克全部按时到达攻击出发线，没有一辆因为故障而缺席。"

战斗打响后，坦克部队围绕着这款新坦克开发的一些新战术收到了良好效果。到那时为止，德国机枪组（至少是最老辣的那批人），已经在面对英国坦克时采取一种搏命战法。经验告诉他们，如果当坦克接近时他们趴在原地不动，那么坦克就会忽略他们而驶过。德国人认为这是因为坦克乘员认为这些机枪手已经死了而不管不顾，而实际的原因是Mark IV型坦克的机动性较差，无法及时做出横向扫荡动作，所以在这种情况下宁愿保持直线前进。

但是哈梅尔战场的情形则不同，机动性得到提升的Mark V型坦克可以比较轻易地实现短距变向。这样一来，一旦发现"装死"的德国机枪组，乘员们都会操纵坦克变向上前去碾压一番！结果按"老规矩"出牌的德国机枪部队自然损失惨重，据坦克营报告，Mark V型坦克在哈梅尔之战中至少端掉了200个机枪火力点。

值得一提的是，所有参战的Mark V型坦克都在变速箱附近装有小型爆破装置，以防受损坦克完整地落入敌手。在第一波冲击的坦克中，有5辆被打得动弹不得，不过它们最后并没有实施自我引爆，而是很快就被友军抢拖回来了。

总之，7月4日的战斗在上午即告胜利结束，坦克部队安全退出，两个营都抓了不少俘虏。Mark V型坦克的惊艳亮相令澳大利亚士兵既惊又赞，前线甚至开始流传出一种抱怨声，为什么国内的工厂不能早一点生产出足够多的这种新坦克，好让每支部队都能配上几辆呀！澳大利亚人在此战中对坦克的感激之情是如此真切，以至于之后当他们一遇到佩戴着坦克部队徽章的英国军官，就会立即立正敬礼！

话分两头，德国人这边，第18集团军在7月9日再次发出了"坦克，前进！"的命令，作战目标是梅兹河（Matz River）地区的法军突出部。这时能上场的只有7辆A7V坦克，而且"习惯性"的，又有2辆在准备阶段就"罢工"。5辆A7V在2个步兵师的结合部投入作战，没有取得什么实质性的进展，其中560号坦克"阿尔特·弗里茨"（Alter Fritz）被炮弹击中，562号坦克"赫克勒斯"（Herkules）则掉进一个大弹坑，几天后才被拖出来。

到了7月中旬，德军名义上的3个坦克分队的实力加起来还不足2个分队。它们被集中配属给第7集团军，试图于7月18日再进行一次雄心勃勃的进攻。事实上，这是德军在西线最后一次采取主动。正是在这次发生于雷姆斯以西的苏瓦松（Soisson）地区的交战中，德国人见识了令人惊异的法国坦克力量。新型、小巧、快速的雷诺FT-17型坦克被大规模集中使用，法国人在这一天的反冲锋中总共投入了490辆坦克，德军的战线多次被突破，正是坦克决定了法军可以在战斗中突破得多远、取得多大的战果。

490辆这个数字刷新了一战中坦克兵力的参战记录，除了其中包括的6个"雷诺"FT-17轻型坦克营之外，这也是"施奈德"和"圣沙蒙"突击坦克在一战中最大的一次集结。突击坦克的参战兵力达到6个集群之多，分别是第3集群（第1、6、15大队的27辆"施奈德"）、第1集群（第3、5大队的48辆"施奈德"）、第11集群（第32、34、35大队的30辆"圣沙蒙"）、第12集群（第37、38、39大队的30辆"圣沙蒙"）、第4集群（第13、14、16、17大队的48辆"施奈德）、第10集群（第31、33、36大队的24辆"圣沙蒙"），好一派赫赫军容！

所有坦克在7月17日到18日夜间驶入出地阵地，接着，车组成员们在夜间长途行驶后不经休息便直接投入战斗。炮击于18日4时35分开始，坦克的进攻也几乎同时展开，浩荡的钢铁大军一举扑入50千米宽的战场正面！

战至18日中午，法军各部的突击均告得手，在突然而猛烈的攻击下，德军防线陷入被全线打穿的困境。对协约国方面而言，战役的景象则是令人欣喜的，美2师第9团团长勒罗伊·厄普顿（Laroy Upton）在几天后的家信中这样描述道："我看到了一幅奇妙的画面。步兵团在我的右手边冲锋，一队坦克向我左手边的林地挺进，击毁沿途所见的每一挺机枪。"

战役第一天结束时，法军第10集团军抓获俘虏10000名，缴获火炮200炮。其各部平均推进4～6千米，唯独没有配属坦克的第11军却仅前进了不足2千米，而且人员伤亡很大，这从一个侧面充分证明了坦克的价值。

不过，全军付出的代价也不小，参战的207辆突击坦克中，有62辆被敌军击毁，另有40辆出现机械故障。其结果便是使得"施奈德"和"圣沙蒙"在19日的可用数量骤减，其中第3集群只能派出12辆"施奈德"，战至当日傍晚仅剩2辆；第4集群还剩8辆可用；第11集群派出14辆"圣沙蒙"，损失了12辆……

战役第三天，突击坦克数量进一步减少，总共只有32辆适用。不过这已不是问题，因为"施奈德"和"圣沙蒙"的损失已经换来了统帅们想要的东西——法军全面掌握了战场主动。

苏瓦松之战让许多野战军官们见识了坦克的威力，他们欣喜地看到，当突击坦克大量集中时，总能有效压制敌军火力，进而令敌人溃逃。反过来，失掉了坦克伴随的步兵，攻击则往往显得乏力。一位美国观察者注意到，"法国坦克以40米的间距分散行进在步兵中，将发自3000米外的炮击全部吸引到自己身上……当最后一辆坦克被直接命中后，大兵们就觉得不可能再前进了……”

苏瓦松之战是“施奈德”和“圣沙蒙”这两种突击坦克最后一次以主力身份登场，在这场战役的后期，它们的主力位置被更轻、更灵活的雷诺FT–17全面接替。在此战之后的数次小规模零星战斗中，被称作“长着羚羊腿的大象”的法国突击坦克便逐步淡出了一线。

苏瓦松之战结束几天之后，又轮到英国坦克上阵。作为哈梅尔战斗的一项延展，英军第3坦克旅第9营奉命配合法军第3掷弹兵师进攻莫鲁尔（Moreuil）的作战。战斗在7月23日打响，考虑到这一次英国坦克乘员无法像和同说英语的澳大利亚人那般顺利地和法国步兵进行沟通，坦克部队的表现可算是相当不错了。当然，和澳大利亚步兵一样，法国人也有力地配合了坦克的行动。

通过这一天的战斗，英国坦克也赢得了法国步兵的崇高敬意，他们纷纷为第9坦克营的英国战友们佩上了自己的第3掷弹兵师徽章。徽章上面刻着的一句铭语倒是非常适合坦克部队，它写着：“凡我触者，皆燃烧。”

到了1918年夏天，英国坦克部队各营要么已经完成了Mark V型坦克的换装，要么正在接受换装训练，之前的主力装备Mark IV型坦克已大多退居二线。时至8月初，新型的Mark V型坦克已经编成了5个坦克旅，不过各旅的兵力编成不一，比如第3旅只有2个营、第5旅则有4个营，另外几个旅都是下辖3个营。

而到了夏末，法国雷诺FT–17型轻型坦克迎来大规模列装。到8月法军正式接手的FT–17已经超过2000辆，6月里组建了2个新的轻型坦克团，7月和8月各组建了1个。法国人还同意向美国远征军提供3个轻型坦克营的装备，从而令赴欧作战的美军第一次有了自己的坦克部队。而负责指挥美军第一支坦克部队的军官乔治·巴顿（George S Patton）中校，他将是下一次世界大战中的名人。无独有偶，1918年在美国国内负责坦克训练中心的军官名叫德怀特·艾森豪威尔（Dwight Eisenhower）中校，是下一次世界大战中的大名人。

▲ 雷诺FT–17内部的舱室情况

⚫ 时为中校的巴顿在FT-17前留影

　　8月8日，又一场大战亚眠战役打响，英国坦克大举进击。这一天，德国陆军的士气接近崩溃，仅仅投降的士兵就多达12000人，这一窘境是前所未有的。他们对坦克的恐惧已经成了一种战场瘟疫。鲁登道夫写道："这一天是德国军队的黑日。"

　　这时，德国坦克在干些什么呢？第1和第2分队分别还有4辆坦克，而第3分队只剩下2辆了。它们没有加入战斗，不过也没闲着——被拿来对步兵部队进行轮番训练，以使他们能够习惯在战场上看到坦克这一事物！

　　不过英国坦克在此役中也是逐步集结，展开以少到多的渐次投入，它们在开战第三天中只有67辆坦克参战，而到了8月18日，英国坦克便实现了大规模集中参战。坦克在18日这一天的战斗中扮演了重要角色，而这个阶段的作战计划在某种程度上也是围绕着坦克制订的。英军实现了有史以来最大规模的坦克集结，英国步兵得到了1个坦克营的支持，加拿大和澳大利亚部队各有4个坦克营配合作战，英国骑兵部队也配有2个"小赛犬"营。把留在莫鲁尔休整并充当预备队的第9营也计算在内，此役的参战坦克有近600辆之多，这个数字差不多是两年前英国坦克在弗勒尔"首秀"时数量的大约15倍，而那个战场距离亚眠此地亦不远。

18日清晨的雾气掩护了坦克的最初开进，当然也给一些坦克造成了误导，总体来看，在战线中部配合澳、加军作战的坦克都实现了良好的步坦协同。由于Mark V型坦克的体型较长，步兵们就决定充分利用车顶的空间，他们携带武器攀爬上去，使那里变成一个火力平台。甚至还产生了两种"标准配置"，其一是15名士兵配备2挺维克斯机枪，其二是15名士兵配备3挺刘易斯机枪。此前在布列东涅村被打得很能惨的"小赛犬"在此役中也证明了自己的价值，它能够快速地穿插到敌军身后，有力地促使了敌人防线的瓦解。对此有人评论道，如果这些坦克不是被拿来和骑兵捆绑在一起，那么一定可以取得更大突破。

在应对德军加宽的战壕时，英国坦克也采取了新办法，这时已不再采用康布雷之战中的柴捆，以一种被称作"栅栏"的解决之道代之。这是一具体形和柴捆差不多的铁框，外面订有木板，在战壕边向下投下以填出一条通道来。它们在坦克上的运载位置和投掷方式和之前的柴捆差不多，区别在于铁框比柴捆轻得多，不会大幅影响坦克的行驶性能；另外一个好处是便于拆卸且二次使用，不像柴捆那样准备和回收都很困难。

英军的下一个进攻日定在8月21日，战场是康布雷以西的区域。这一次，第7营和第12营投入了原本已列为后备武器的Mark IV型坦克，由它们打头，后面跟进11个全部装备Mark V型的坦克营，阵列的最后则是"小赛犬"。

这场战役中，英国坦克同样从晨雾中获益，先是Mark IV型坦克出其不意地突破了德军的第一道防线线，接着Mark V型坦克展开强攻并夺取了第二道防线。参战的新西兰部队也尝到了坦克带来的"甜头"，本来他们面对阵地里德军的机枪响彻整晚后就非常担心，可是当坦克一出现，那些火力点就纷纷哑火了。

战场上的太阳升起来了，这时坦克乘员们可以发现许多德国人在看到坦克驶近时便会选择缴枪投降，这种情况在以往可不多见——这一幕清楚地表明了德国人的士气已经低落到了何种程度。

8月28日，大批雷诺FT–17在克雷西（Crecy）地区活动，第502、503、505

轻型坦克团的7个营以连级规模支援法第10集团军的多支部队，经过几天交战，令德军在之前的鲁登道夫攻势中所获得的最后领地也丧失了。

在这个对德国人来说极为糟糕的8月的最后时刻，德军尚能使用的几辆A7V才从乏味的训练中"摆脱"出来，准备再度投入前线。不过8月31日的战斗，却演变成了德国坦克部队的灾难。第1分队在冲锋前不得不抛下2辆故障的坦克，第2分队倒是全部都到了阵地上，但是应该由它们伴随作战的巴伐利亚步兵却完全无视其存在，只顾自己冲出了战壕。就在那时，后方的德国炮兵远远地看到了这几辆孤零零的坦克，便开始不顾一切地朝它们开火。结果，504号坦克"施努克"（Schnuck）和528号坦克"哈根"（Hagen）被打瘫在地。看起来，德国炮兵也感染了一种因坦克而造成的"战场瘟疫"。

糟糕的还不止于此，562号坦克"赫克勒斯"（Herkules）罕见的被协约国飞机投掷的炸弹击伤，563号坦克"沃坦"（Wotan）则出了机械故障。最后，被自己人击中的那两辆，落到了新西兰步兵的手中，后来被运往英国，经展出一段时间后于1919年被销毁。

进入9月，西线德军持续后退，他们放弃了齐格菲阵地，即所谓的"兴登堡防线"。所有坦克被集中到了主战线后方，被当作一支机动救火队，负责随时对被重点突破地域实施支援。无奈这时的德军几乎到了有令不行的境地，除了若干分队集中到了第17集团军后方外，其余分队照样执行着它们那训练步兵适应性的任务！

漫长而血腥的一战已经将近最后时刻，对英国坦克部队来说，还剩最后几

🔺 战场上的A7V坦克"沃坦"

🔺 带着越障设备的Mark V型坦克冲击德军兴登堡防线

⬥ 战场上的A7V坦克"沃坦"

场仗要打。其中之一是在9月27日，对德军兴登堡防线腹地的全面进攻。此战中，新编成的第16坦克营和美军第301坦克营到场参战，后者被编入英军第4坦克旅，成为唯一一支装备英国坦克作战的美国坦克部队。

攻势在26千米长的正面展开，包括旧时的坦克荣誉地——康布雷战场在内。在这里，据险顽抗的德军凭借着干涸的北方运河（Canal du Nord）和圣昆廷运河的河堤来作为现成的反坦克屏障。为了克服这处天险，坦克部队在莫夫雷斯（Moeuvres）以北区域选择了三处突破点，那里被认为较易突破。不过情报工作并不太准确，三处突破点中的一处落差接近3米，坦克部队经过努力才克服了那里；而在另一处，行进的坦克迎面遇上了一堵砖墙。

所幸英国坦克部队在此战中损失很小，相比之下，倒是初上战场的美军第301营吃到了苦头。开战两天后，该营冲进了一片雷场，结果有多达四分之一的Mark V型坦克被炸毁。令美国人"吐血"的是，他们后来得知这片雷场居然是英军在一年前布下的，而且竟没有标注在他们的野战地图上。这个美国坦克营的损失报告不无讽刺地指出，"这些英国地雷的反坦克效果比我们遇到过的任何德国地雷都要好得多。"

　　事实上，德国人在地雷反坦克战方面没少下功夫。到1918年夏天，他们已经成功地开发出一种木盒装的反坦克地雷，里面装有3.4千克的高爆炸药，这足以炸断各种英国坦克的履带。用法是，在打头的坦克驶过后，步兵或工兵可以把这种地雷放入坦克履带驶出的辙痕中，让后来的坦克遭受重创，当然，这需要布雷者拿出极大的勇气来。德国人另有一种用200毫米大口径炮弹改制成的地雷，以两个一对布设在坦克可能行进的区域中，一经触发，就将对坦克整车造成严重破坏。但是由于德军在战场上的整体颓势，这些反坦克地雷并没有太多成功的战例。

　　德国人还有别的反坦克手段，其中一种是13毫米口径的反坦克枪，开发者说它威力很大，但同时后坐力也大得吓人，据说使用者得甘愿承受"锁骨被撞断的风险"。这种反坦克枪参加了一些战斗，但其效果并不像开发者宣称的那样可以"一发毁伤坦克"，当然它发出的子弹的确可以击伤或击毁坦克，但至少需要连续命中4到5发，而且其有效射程只有230米远。

　　另一种手段是装有1门54毫米火炮的卡车，考虑到卡车在战场上的低生存率，这一"发明"一点也不实用。更靠谱一点的是所谓的"坦克暗堡"，其做法是在一辆深埋入地的大型平板拖车上安装大量武器，对逼近的英国坦克来个众炮齐发。具体武器配备往往包括2门野炮、3~4门迫击炮、2~3挺机枪、3~4挺反坦克枪和2具小型探照灯，虽然这些火力确实够猛，但既然平板拖车是半埋入地的固定式，也就无法逃脱英国坦克的反击。

　　当然，德国人手里还有缴获的英国坦克可用。10月8日，德军在康布雷东南的尼格尼斯（Niergnies）发起一场规模有限的反击，在梅森纽夫（Maison Neuve）的一次遭遇战中，使用敌军装备的好处总算显现出来。这一天，装备着4辆英国Mark IV型的德军第15坦克分队奉命支援步兵对该地的反击。在推进至城郊后，坦克的乘员们看到了另外一批Mark IV型坦克，他们想都没想就认为其是来自和自己位置比邻的第16分队。正在前进的，其实是英军第12坦克营的A连。有意思的是，英国人也认为迎面而来的是他们的同伴——C连的坦克！

　　双方就这样大摇大摆地前进，直到相距不足50米时，德国人才抢先发现了自己的错误。于是，一场坦克混战开始了。英国人也反应过来了，不过炮弹已经落下。由于距离很近，德国人的炮击精度很高，加上附近的德国野炮积极支援，先后有4辆英国坦克被击毁。第15分队唯一损失的坦克，是由一名英勇的英国坦克车长造成的。他跳出了起火的座车，靠一门德国人遗弃的野战炮来了次有效的反击。

之后，在稍南方，德军第15分队和英军A连彼此错认的那两支部队，德国的第16分队和英国的C连真的遇上了。这次，双方不再迷惑对方是敌是友，而是直接交了火。轮到德国人倒霉，因为C连的Mark IV型坦克是装火炮的"雄性"，而德国人的3辆是只装有机枪的"雌性"。2辆"雌性"很快被收拾掉，不过第3辆在仓皇撤退中，还不忘用机枪扫射英国步兵，而且打到子弹用光为止。

三天之后，在应对协约国军队对康布雷附近伊伍伊（Iwuy）地区的一次突破时，德军的两个坦克分队被紧急调往阵线上的缺口。战斗经验最丰富且装备A7V的第1分队完成了自己的任务，而使用英国Mark IV型坦克的第13分队再次上演机械故障的熟悉一幕，到达出发位置前坦克就全部抛锚！

德军第1分队的A7V向正急切推进中的英军实施了猛烈的打击，除了560号坦克因履带被打断而放弃外，其余4辆A7V表现都很出色。英国人对此时还能遇上这种德国坦克而感到吃惊和沮丧，并迅速后退。战场上的德国步兵们对本方坦克大为感激，A7V给他们留下的好感简直是无以复加。自布列东涅村交战以来，这是A7V久违的胜利。

一位德国团长在次日给第1分队发去信函，里面充满溢美之词："德国坦克以极其大胆的姿态向前猛冲，这样一次突击造成敌军极大的惊恐，并让我的团队有机会趁势反扑上前。英国人这次倾尽全力，企图在我方阵线上达成深远突破的攻势功败垂成，我方的成功完全应归功于您领导下的坦克分队。"

这是德国A7V坦克在战场上的最后一幕。在这场"黄昏之战"中，它在战术上挫败了突进的英军，也在一场平行的较量上压倒了本方使用的英国坦克。其实，德国步兵尤其是突击群对这些英国坦克并没有什么好感。按照规定，他们将在坦克的协同下实施快速突破，然而Mark IV型速度缓慢，根本不能"快速"推进，反而常常要依赖步兵停下来照顾它们。

在赢得步兵部队的盛赞后，德国A7V坦克的短暂战史就此终结。3个装备这种坦克的分队全部解散，剩余的A7V在10月下旬被运往威斯巴登-厄本海姆（Wiesbaden-Erbenheim）的一个跑马场里，等待最后的裁决。

11月1日，德国坦克——更准确地说是德军缴获的英国Mark IV型坦克——发起了它们在一战中的最后一击。在色堡（Sebourg），第12、13和14分队集中行动，支援第28步兵师的反攻。这场交战后，这些缴获自英国的坦克也被送去了威斯巴登的跑马场。

至于包括Mark IV型在内的英国坦克在英军阵营中的最后一次"效力"，同样出现在11月初。从11月2日对马伯格（Maubeuge）的攻击开始，英国坦克便不再大规模集中，而是根据战斗的规模而相应少量使用。两天后，有37辆坦克参加了莫马尔森林（Mormal Forest）地区的一场交战，这被认为是一战中最后一场有坦克参与的"上规模的战斗"。

而一战英国坦克真正的最后一战，是11月5日的伯梅雷斯（Bermeries）交战，第6坦克营的6辆Mark V型坦克配合了步兵的行动，从而为英国坦克部队在一战中的行动写下了最后一笔。

◤ 英国某地街头的*Mark V型*

⌃ 交由美军使用的FT-17

⌃ 这辆侧翻的Mark V*型坦克仍是士兵们良好的掩体

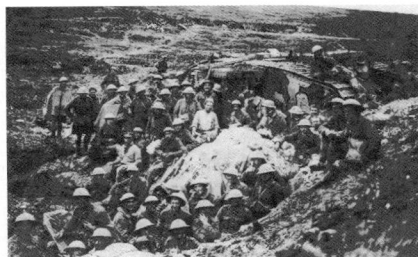
⌃ 一次战斗结束后，英军士兵们围拢在坦克旁

⌃ 几辆尚能使用的德军A7V坦克摄于1918年7月

⌃ 随军画家笔下的1918年雷诺FT-17战斗场景

⌃ 抬着伤员的德国俘虏从英国坦克旁走过

⌃ 这辆Mark V型的履带遇上了麻烦

⌃ 记录在素描本上的FT-17

⌃ 一战西线战场一景

第二十一章

尾声——谢幕时分

第一次世界大战于1918年11月结束。德国人制造的所有A7V不是被销毁，就是被缴获了，但有一个例外。德国战败后，在柏林爆发了短暂的左翼革命时期，一辆用于测试而未参加战斗的524号坦克"海蒂"（Hedi）此时登场了。不过，经过小小的武力展示后，它仍然于1919夏天依照协约国的要求被销毁。

早在1918年8月8日，当德军在战场上惨败时，作为造成A7V开发的种种延误并否决沃尔默轻型坦克计划的责任人之一，鲁登道夫将军终于沉痛地意识到："缺乏能大量集中使用的轻型坦克，是德军战败的重要原因"。这个认识清晰准确，但来得太晚。

战败前夕，德国设计师集中推出了多种新型坦克设计，不过随着德帝国的解体，这些东西再也没人提起了。由于魏玛共和国不得拥有任何坦克，一战德国坦克的战史也就此完全画上了句号。

和英法坦克在作战中的重要程度相比，德国坦克的作用往往被忽视。贝当这样的协约国将领清楚地意识到，只有在坦克的帮助下，步兵才有可能突破被铁丝网和重机枪层层保护的堑壕。然而，鲁登道夫和鲍尔们起初并没有认识到这一点。

不过，得以保留的那一点经验和教训，在30年代得以萌芽。这一传承还有见证者，第1坦克分队560号坦克"阿尔特·弗里茨"（Alter Fritz）的车长恩斯特·福克海姆（Ernst Volkheim），继续在二战中的德国坦克部队服役。1940年的挪威战役中，他指挥z.b.V.40特遣坦克营进行了艰苦而高效的战斗。

当重生的德国军队开始大量装备I号和II号坦克时，似乎有人记起了沃尔默教授的观点："与其装备少数重型坦克，不如装备大量轻型坦克。"这不仅是针对作战效率，也是针对德国工业能力现实的一个创见。不过，等到下一场大战也临近尾声时，这个观点再次被抛弃，德国装甲部队的重心变成了"装备少数重型坦克"。于是，曾经被鲁登道夫沉痛记起的教训，又要留给后来者去汲取了。

一战结束时，和威斯巴登的跑马场一样，位于法国布伦（Bourron）的露天装备仓库里也集中堆放着不少坦克，主要是曾经以自己的沉重身躯压过德军机枪阵地的"施奈德"和"圣沙蒙"突击坦克。没有人看得清这些突击坦克的样子，因为它们都被罩上了厚厚的防水油布。曾参加过柏利奥巴最初坦克战的谢努中尉曾不满地评价道："那些油布看上去就像是棺材罩。"

到战火熄灭时，连许多曾对坦克持种种刻薄批评的人士也承认，它们确实证明了其独特的价值。虽然这些没有炮塔的突击坦克与后来出现的坦克没有什么相似之处，但开玩笑地说，它们不是很像几十年后才出现的突击炮和驱逐坦克么？

法军的战术体系，在战火中得到了充实和完善。根据突击坦克的实战经历，堪称"法国坦克之父"的艾斯丁尼提出"蜂群理论"，即集中大量坦克密集使用，对敌军施以毁灭性打击。在1918年，这一理论随着更廉价和更易制造的雷诺FT–17的出现而被运用得更为纯熟。坦克战所收获的另一大经验是步坦协同，事实证明两者1+1大于2，一名将军道出其中真谛："对经验丰富的步兵师施以同坦克协同作战的训练，他们就将无往而不利。"

然而不无讽刺的是，宝贵的经验居然未能传承到下次大战。在一战结束后的发展中，法军不再醉心于集中使用坦克，而是逐步将其化整为零，将集群拆成大队、将大队拆成中队来分散使用，这降低了火力密集度的同时，也降低了作战威力。

而步坦协同作战的成功，更是异化为"步兵为王"的观念，法国人不再重视坦克的突击能力，而是片面强调"没有步兵配合、坦克难以为继"。于是，貌似强大的法国陆军牢固树立起了坦克必须配合步兵行动的理念，终于在1940年夏天自取其辱。

一战结束后的1918年12月，英军已经编成了26个坦克营（其中一个改成了装甲汽车营），而这些营普遍面临着兵力编制不足的麻烦。前线的坦克部队在当年8月就已经缺编391辆坦克，在9月更是上升到了420辆，缺编数从10月开始虽略有下降但缺口依旧很大。

究其原因，英国国内的产能跟不上前线作战的需要。有一种说法是，当一战停战的消息传来时，感到最高兴的莫过于那些生产坦克的厂家了，因为其时"英国国内的坦克生产已经处在几乎无法组织的边缘"。这些厂家确实可以自我庆幸了，因为就在一战刚一结束，英国军方就立即宣布取消了一份庞大坦克订单，按这份订单，英军本来到1919年初应该装备1654辆重型坦克、1120辆中型坦克、325辆备用坦克底盘、18辆无线电指挥坦克、9辆电缆布设坦克，312辆可兼任步兵运载车的特种坦克……

这种截然叫停新坦克生产的态度，和整个英国军界在一战结束后对于坦克变得不再那么热心并开始大力压缩坦克部队规模的做法相一致。英国人把一战看作是"结束所有战争的战争"，因此一战的胜利结束令他们欢欣不已，新武器的研发进度被放缓甚至取消，部队开始大量复员，整支军队进入了"刀枪入库、马放南山"的阶段。

作为坦克的发明国，英国人在一战后的岁月里故步自封，没有在坦克开发和坦克战术领域中取得更多更新的成就，以至于将在下次大战中于此领域落后于自己的强大敌人，这令人感到颇为遗憾。考虑到英国还拥有富勒这样精于装甲战研究的专家，英国人的做法就更令人觉得奇怪。

对于从1916年初次参战以来，在多场战役中做出重大贡献，于一战中蒙受了879人阵亡、5502人负伤、935人失踪代价的英国坦克部队来说，上述的种种做法也显得极为不妥。当然，也有人记得坦克的贡献，比如英国远征军司令黑格。他在战争结束不久的一次演说中讲道："坦克投身于所有的战场，对于它们在突破德军防线中所发挥的作用，用怎样的赞誉之词都不为过。一次又一次进攻的时间表都是围绕着坦克而制订的，此后无数场合中步兵的成功也全都取决于坦克的及时到场。英国坦克对德国人士气和自信的打击是如此巨大，以致于，当没有坦克可用时，我们就不止一次的用木材和帆布搭造出假坦克，而那同样能吓到德国人！"

但这些观点在一战结束之后的英国军队中并非主流。一名上了年纪的英国陆军上校在一战停战当天即1918年11月11日的发言就极具代表性，当时他高呼道，"感谢上帝，现在我们总算可以重新重视那些血肉之躯的真正战士了！"

⌃ 通过艺术家的笔触，英国坦克成为一战中被永久定格的标志性武器

⌃ 美国的宣传海报，以坦克的战场统治力为主题

⌃ 战后出版的展现一战英国坦克史著作中的插画作品

附录

附录 1：一战主要装甲汽车性能简表

型号	国别	制造数量	自重（千克）	车长（米）	车宽（米）	车高（米）	最大速度（千米/小时）	最大里程（千米）	发动机	武装	乘员（人）
罗尔斯－罗伊斯	英国	120	4689	4.93	1.93	2.54	72	240	80马力×1	7.7毫米机枪×1	3
兰彻斯特	英国	36	4800	4.8	1.93	2.29	80	－	60马力×1	7.7毫米机枪×1	3~4
皮尔利斯	英国	25	6909	6.12	2.23	2.77	25	145	40马力×1	7.7毫米机枪×2	4
奥斯丁	英国/俄国	215	4800	4.9	2	2.84	56	200	50马力×1	7.7毫米机枪×2	4
伊左斯基－姆格布洛夫－雷诺	俄国	11	3085	5.1	2.3	2.3	12	120	30马力×1	7.62毫米机枪×2	3
普提洛夫－加福特	俄国	48	7800	5.7	2.3	2.8	18	120	30马力×1	7.62毫米机枪×3 / 76.2毫米火炮×1	5
兰西亚－安萨尔多 IZM	意大利	120	3700	5.4	1.8	2.4	60	300	40马力×1	8毫米机枪×2-3	6
迈纳瓦	比利时	35	3630	4.9	1.75	3	40	150	40马力×1	8毫米机枪×1	3
标志	法国	－	4900	4.8	1.8	2.8	40	140	30马力×1	37毫米火炮×1	4~5
怀特	美国	－	3060	3.8	1.85	2.35	104	300	45马力×1	7.7毫米机枪×1	4
布辛 A5P	德国	3	10300	9.5	2.1	3.5	34	－	90马力×1	7.92毫米机枪×3	10
埃尔沿special E-V/4	德国	33	7250	5.3	2	2.85	61	250	80马力×1	7.92毫米机枪×1-6	9

附录 2：一战主要坦克性能简表

坦克型号	制造数量	自重（千克）	车长（米）	车宽（米）	车高（米）	装甲厚度（毫米）	最大速度（千米/小时）	最大里程（千米）	最大越壕宽（米）	最大过墙高（米）	发动机	武装	乘员（人）
英国 Mark I 型（雄性）	150	28450	9.91	4.19	2.44	6～10	5.95	38.6	3.51	1.37	105马力×1	6磅炮×2 8毫米机枪×4	8
英国 Mark IV 型（雄性）	1220	26418	8.05	4.11	2.49	6～12	6	56.3	3.05	1.37	105马力×1	6磅炮×2 7.7毫米机枪×6	8
英国 Mark V 型（雄性）	400	29466	8.05	4.11	2.64	8～16	7.4	72.4	3.05	1.37	150马力×1	6磅炮×2 8毫米机枪×4	8
英国 Mark VIII 型	125	37594	10.43	3.76	3.12	6～16	8.4	88.5	4.8	1.37	300马力×1	6磅炮×2 8毫米机枪×7	8～11
英国 Mark A 型	200	14225	6.1	2.62	2.74	5～14	13.4	129	2.13	0.76	45马力×2	7.7毫米机枪×(3～4)	3～4
英国 Mark C 型	48	20321	11.79	2.54	2.9	6～14	12.7	225	3.05	1.37	150马力×1	8毫米机枪×4	4
法国 "施奈德"	400	14600	6.32	2.05	2.3	11.5	7.5	48	1.75	0.787	70马力×1	75毫米炮×1 8毫米机枪×2	6
法国 "圣沙蒙"	400	22000	7.91	2.67	2.36	5.5～17	8	60	2.45	0.38	90马力×1	75毫米炮×1 8毫米机枪×4	8
法国雷诺 FT-17	3177	6800	4.1	1.74	2.14	6～16	7.7	35	1.8	0.6	35马力×1	37毫米炮×1	2
德国 A7V	22	32510	8	3.2	3.5	10～30	9	80	2.2	0.455	100马力×2	57毫米炮×1 7.92毫米机枪×6	18
德国 LK II	-	8900	5.06	1.95	2.5	8～14	16	65	2.04	-	60马力×1	57毫米炮×1 或7.92毫米机枪×2	3

附录 3：全部 22 辆德国 A7V 坦克的结局

车身编号	别称	所属部队	结局
500		训练学校	用于基础训练
501	格雷岑（Gretchen）	第 1、2、3 坦克分队	1919 年被协约国销毁
502/503		第 1、3 坦克分队	1918 年 10 月被法军销毁
504/544	施努克（Schnuck）	第 2 坦克分队	1918 年 8 月被德军炮火误伤，后被英军销毁
505	巴登一世（Baden 1）	第 1、3 坦克分队	1919 年被协约国销毁
506	摩菲斯特（Mephisto）	第 1、3 坦克分队	1918 年 4 月被澳大利亚军缴获，保存至今
507	塞克洛普（Cyclop）	第 1、3 坦克分队	1919 年被协约国销毁
524	海蒂（Hedi）	测试	在战后销毁
525	齐格菲（Siegfried）	第 2 坦克分队	1919 年被协约国销毁
526	—	第 1 坦克分队	1918 年 6 月被击毁
527	洛蒂（Lotti）	第 1 坦克分队	1918 年 6 月被击毁
528	哈根（Hagen）	第 2 坦克分队	1918 年 8 月被德军炮火误伤，后被英军销毁

附录 3：全部 22 辆德国 A7V 坦克的结局

车身编号	别称	所属部队	结局
529	尼克斯二世（Nixe II）	第 2 坦克分队	1918 年 5 月被法军炮火击毁，后被运往美国销毁
540	海兰德（Heiland）	第 3、1 坦克分队	1919 年被协约国销毁
541	—	第 1 坦克分队	1919 年被协约国销毁
542	阿尔弗雷德（Elfriede）	第 2 坦克分队	1918 年 4 月被法军缴获，后销毁
543	哈根（Hagen） 阿达尔贝特（Adalbert） 威廉国王（Konig Wihelm）	第 2、3 坦克分队	1919 年被协约国销毁
560	阿尔特·弗里茨（Alter Fritz）	第 1 坦克分队	1918 年 10 月被击毁
561	尼克斯（Nixe）	第 2 坦克分队	1918 年 6 月被击毁
562	赫克勒斯（Herkules）	第 1、2 坦克分队	1918 年 10 月被击毁
563	沃坦（Wotan）	第 2 坦克分队	1919 年被协约国销毁
564	—	第 3 坦克分队	1919 年被协约国销毁

参考文献

[1]Witold J.Lawrynowicz.Schneider CA & St.Chamound[M].Gdansk:AJ-Press.2008

[2] Witold J.Lawrynowicz.Renault FT & U.S.Six-Ton Tank M1917[M].Poland:Model Centrum Progres.2006

[3]Pierre Touzin,Christian Gurtnger.Renault FT[M].London:Gothic Press Ltd.1967

[4]B.T.White.Tanks and Other Armoured Fighting Vehicles 1900-18[M]. London:Blandford Press.1970

[5]Chris Ellis.Military Transport of World War I[M].London:Blandford Press.1970

[6]David Fletcher.The British Tanks 1915-19[M].Marlborough:The Crowood Press Ltd.2001

[7]Kenneth Macksey.Tank versus Tank[M].London:Grub Street.1999

[8]David Fletcher.The Rolls-Royce Armoured Car[M].UK:Osprey Publishing.2012

[9]John Glanfield.The Devil`s Chariots[M].UK:Osprey Publishing.2013

[10]Steven J.Zaloga.French Tanks of World War I[M].UK:Osprey Publishing.2010

[10]Steven J.Zaloga.German Panzers 1914-18[M].UK:Osprey Publishing.2006

[11]Hundleby,Maxwell,and Rainer Strasheim.The German A7V Tank and Captured British Mark IV Tanks of World War I[M]. UK:Haynes.1990

[12]Chamberlain.Tanks of World War I[M].UK:Arms and Armour Press.1969

[13]J.P.Harris.Men,Ideas and Tanks[M].Manchester:Manchester University Press.1995

[14]Gavin Birch.Motorcycles at War[M].Barnsley:Pen&Sword Books Ltd.2006

[15]Wolfgang Schneider,Rainer Strasheim.German Tanks in World War I[M].US:Schiffer Publishing.1990

[16]Christopher Chant.World Encyclopaedia of the Tank[M].London:Butler&Tanner Ltd.1994

[17]Albert Mroz.American Military Vehicles of World War I[M].Jefferson:McFarland.2009

[18]E.Bartholomew.Early Armoured Cars[M].UK:Shire Publication Ltd.1975

[19]Martin Caidin,Jay Barbee.Bicycles in War[M].New York:Hawthorn Books.1974

[20]C.Clarke.Band of Brigands－The First Men in Tanks[M].UK:Harper.2007

[21]B.Cooper.The Ironclads of Cambrai[M]UK:Pan Books.1970

[22]G.Forty.The Royal Tank Regiment 1914－1987[M]London:Spellmount.1989

[23]T.Pidgeon.Tanks on the Somme－from Morval to Beaumont Hamel[M] Barnsley:Pen&Sword Books Ltd.2010

[24]R.Woollcombe.The First Tank Battle Cambrai 1917[M]UK:Arthur Barker.1967

[25]David Fletcher.British Military Transport1829－1956[M]UK:The Stationery Office.1998